智能机器人开发入门指南

[美] 杰夫·奇科拉尼（Jeff Cicolani） 著

谢永兴 译

机 械 工 业 出 版 社

本书带你先入门学习如何使用树莓派与 Arduino 构建一个具有高级功能的机器人，然后将一步步学习构建机器人的过程，你将学到如何利用树莓派提供的强大计算能力，以及如何利用 Arduino 与传感器和电动机进行更好的交互，并利用这些优点来构建机器人硬件系统。同时学会 Python 编程基础知识，并利用其进行更强大的智能功能开发。最后通过使用 OpenCV 和 USB 网络摄像头，你将制造一个可以追逐球的机器人。

本书适合开始探索机器人领域的创客、爱好者和学生阅读。本书将帮助你快速入门智能机器人的设计、构建与开发，掌握相关的硬件设计搭建与软件编程开发能力，让你带着乐趣逐步探索机器人世界。

First published in English under the title

Beginning Robotics with Raspberry Pi and Arduino：Using Python and OpenCV by Jeff Cicolani

Copyright © 2018 by Jeff Cicolani

This edition has been translated and published under licence from Apress Media，LLC，part of Springer Nature.

本书由 Apress Media 授权机械工业出版社在中国大陆地区（不包括香港、澳门特别行政区以及台湾地区）出版与发行。未经许可之出口，视为违反著作权法，将受法律之制裁。

北京市版权局著作权合同登记　图字：01 – 2019 – 0591 号。

图书在版编目（CIP）数据

智能机器人开发入门指南/（美）杰夫·奇科拉尼（Jeff Cicolani）著；谢永兴译. —北京：机械工业出版社，2021.6（2023.2 重印）

书名原文：Beginning Robotics with Raspberry Pi and Arduino：Using Python and OpenCV

ISBN 978-7-111-68364- 3

Ⅰ.①智…　Ⅱ.①杰…　②谢…　Ⅲ.①智能机器人 – 程序设计 – 指南

Ⅳ.①TP242. 6-62

中国版本图书馆 CIP 数据核字（2021）第 103495 号

机械工业出版社（北京市百万庄大街22 号　邮政编码100037）

策划编辑：林　桢　责任编辑：林　桢

责任校对：王　欣　封面设计：鞠　杨

责任印制：常天培

固安县铭成印刷有限公司印刷

2023 年 2 月第 1 版第 2 次印刷

184mm×240mm · 14. 5 印张 · 331 千字

标准书号：ISBN 978-7-111-68364-3

定价：79. 00 元

电话服务　　　　　　　　　　网络服务

客服电话：010-88361066　　　机　工　官　网：www.cmpbook.com

　　　　　010-88379833　　　机　工　官　博：weibo. com/cmp1952

　　　　　010-68326294　　　金　书　网：www. golden-book. com

封底无防伪标均为盗版　　　机工教育服务网：www. cmpedu. com

原书前言

机器人学不一定很难。通过本书，我将带你走进机器人世界，这次学习之旅将是富有挑战性的。在本书的最后，你将亲身接触到机器人学的许多基本的和一些特别的方面。你将会学习使用多种硬件，组装并焊接电路板，用两种编程语言编写代码，安装和配置 Linux 操作系统环境，以及使用计算机视觉技术。你用机器人所做的其他事情都是本书中所学的知识的延伸。

本书适用读者

本书适合电子和物联网技术的入门学习者，想要学习树莓派或 Arduino 的人，以及想将它们结合使用的人阅读。

本书也是为那些想学习更多有关机器人知识的爱好者准备的。也许你已经用 Arduino 构建了一些电路，或者用树莓派定制过家庭娱乐系统，但现在你感兴趣的是如何构建一个机器人。你将会学习如何使这两个设备协同工作，以提供非常强大的功能。

本书也是为需要快速学习更多技术的人准备的，他们不一定有时间来广泛阅读有关 Arduino、树莓派、电子或编程方面的众多不同书籍，他们寻求的是对一些基本知识进行一个广泛而高效的介绍。

本书还是为那些想提高自己机器人编程经验的学生准备的，他们想学习处理硬件和软件的方法，以进一步向他们在学校或专业领域看到的知名的人学习。

书中没有对经验或技术背景作任何假设。当你阅读这些章节时，你可能会发现有的部分很熟悉，那么完全可以跳过这些内容。但是如果你对这些主题还很陌生，我会尝试给你一个简洁而快速的讲解。

内容概览

我们先学习树莓派及如何使用它。下载并安装 Raspbian 操作系统，然后为我们的项目配置树莓派。目标是将你的系统设置为能够轻松访问机器人，并直接在机器人上编写代码。

在实现远程访问树莓派之后，你将在第 3 章深入研究 Python 编程。我将向你展示如何在树莓派上编写简单的程序。我还会介绍一些基础知识，再介绍一些进阶主题，例如模块和类。这是最长的一个章节，因为有很多内容要涵盖。

从那之后，你将学习如何通过树莓派的 GPIO 插头将树莓派与外部电子设备（如传感器和 LED）连接起来。第 4 章会讨论寻址插头上的引脚的不同方式，通过插头暴露的一些功能，以及如何使用超声波测距传感器检测物体。这会让你为下一章做好准备，下一章我将介绍 Arduino。

在第 5 章，你会将 Arduino 和树莓派结合起来使用。我讨论了这样做的一些原因。我将向你展示如何使用 Arduino IDE 编写程序。我会介绍两个板之间的串口通信以及如何在它们之间来回传递信息。我们通过上一章中使用的超声波测距传感器来实现这一点。

第 6 章将让你用树莓派来转动电动机。你会用一个叫作 HAT 或扩展板的特殊板来控制电动机。在这里我将介绍另一项技能，你将不可避免地在制造机器人的过程中用到它，那就是焊接。插头和端子需要焊接到项目中选择的接线板上，你会获得大量的实践经验。

在第 7 章中，我们将把所有的东西合在一起。你来构建机器人，而我会讨论机器人的一些物理特性。我将介绍一些设计注意事项，当你设计自己的底盘时需要牢记在心。虽然我为这个项目列出了一个特定的底盘套件，但你并不需要使用相同的东西。事实上，我鼓励你探索其他选择，并找到一个适合自己的。

在第 8 章，我将介绍另一种类型的传感器——红外传感器，并向你展示如何使用一种非常常见的控制算法——PID 控制器。我会讨论各种类型的红外传感器，以及它们的使用场合（关于 PID 控制的章节会讨论它是什么以及为什么要使用它）。

第 9 章是关于计算机视觉的，在这里你可以看到树莓派的真正力量。在本章中，我将介绍一个名为 OpenCV 的开源软件包。到第 9 章结束时，你的小型机器人将能围着桌子追逐一个球。

我在第 10 章留给你一些挑战的想法。我提供了一些我学到的技巧，并让你一窥我的工作流程和工具。之后，你就可以开始你自己的机器人冒险了！

关于作者

  Jeff Cicolani 目前住在得克萨斯州的奥斯汀地区，与妻子、两只宠物狗和十几个机器人一起生活。他目前是一名嵌入式系统工程师，为奥斯汀的一家人工智能公司建造机器人和自动化平台。

  他的机器人之旅和职业道路比较曲折，从事过系统分析和设计，还做过数据库编程工作。2012 年，他加入了奥斯汀的 The Robot Group 公司，在那里加入到一群机器人狂热爱好者中，并开始把制造机器人作为一种爱好。2016 年，他成为 The Robot Group 公司的总裁。在这个职位上，他带领公司通过机器人技术来促进 STEM（科学、技术、工程和数学）教育。目前，他正致力于通过机器人操作系统（Robot Operating System，ROS）和机器学习来更好地理解高级机器人技术。

关于技术审校者

Massimo Nardone 在安全、Web 或移动开发、云和 IT 架构领域拥有超过 22 年的经验。

他从事编程 20 多年，并教授如何使用 Android、Perl、PHP、Java、VB、Python、C/C++和 MySQL 进行编程。

他拥有意大利萨莱诺大学计算机科学硕士学位。

多年以来他曾担任项目经理、软件工程师、研究工程师、首席安全架构师、信息安全经理、PCI/SCADA 审计员和高级首席 IT 安全/云/SCADA 架构师。

他的技术技能包括安全、Android、云、Java、MySQL、Drupal、Cobol、Perl、Web 和移动开发、MongoDB、D3、Joomla、Couchbase、C/C++、WebGL、Python、Pro Rails、Django CMS、Jekyll、Scratch 等。

他曾在阿尔托大学网络实验室担任访问学者。

他目前担任 Cargotec Oyj 公司的首席信息安全官（CISO），并拥有 4 项国际专利。

目　　录

原书前言

关于作者

关于技术审校者

第1章　机器人学导论 ·· 1

1.1　机器人学基础 ·· 1

1.1.1　Linux 操作系统和机器人学 ······················ 2

1.1.2　传感器和 GPIO ································· 3

1.1.3　运动和控制 ································· 3

1.2　树莓派和 Arduino ·· 4

1.3　项目概览 ··· 5

1.3.1　机器人 ··································· 5

1.3.2　物料清单 ································· 5

1.4　小结 ·· 10

第2章　树莓派简介 ·· 11

2.1　下载并安装 Raspbian ······································ 11

2.1.1　附带 OpenCV 的 Raspbian ······················ 12

2.1.2　"困难"方法 ································· 12

2.1.3　"简单"方法 ································· 14

2.2　连接树莓派 ··· 15

2.3　配置树莓派 ··· 16

2.3.1　使用 raspi – config ···························· 16

2.3.2　用户 ···································· 21

2.3.3　连接到无线网络 ·························· 22

2.4　转入无头模式 ··· 22

2.4.1　远程访问 ································· 23

2.5　小结 ·· 27

第3章　Python 入门教程 ······································ 28

3.1 Python 概述 ·· 29

3.2 下载并安装 Python ··· 29

3.3 Python 工具 ·· 30

　3.3.1 Python shell ·· 30

　3.3.2 Python 编辑器 ·· 31

　3.3.3 Python 之禅 ··· 33

3.4 编写和运行 Python 程序 ··· 34

　3.4.1 Hello World ·· 34

　3.4.2 基本结构 ·· 34

　3.4.3 运行程序 ·· 36

3.5 Python 编程 ·· 36

　3.5.1 变量 ··· 37

　3.5.2 数据类型 ·· 37

　3.5.3 关于变量的最后一个提示 ······························ 45

　3.5.4 控制结构 ·· 45

　3.5.5 函数 ··· 49

　3.5.6 通过模块添加功能 ··· 51

　3.5.7 类 ··· 55

　3.5.8 样式 ··· 61

3.6 小结 ·· 62

第 4 章　树莓派 GPIO ·· 63

4.1 树莓派 GPIO 介绍 ·· 63

　4.1.1 引脚编号 ·· 64

　4.1.2 连接到树莓派 ··· 65

　4.1.3 树莓派 GPIO 的局限性 ·································· 66

　4.1.4 使用 Python 访问 GPIO ································· 66

　4.1.5 简单输出 ·· 67

　4.1.6 简单输入 ·· 71

4.2 小结 ·· 78

第 5 章　树莓派和 Arduino ·································· 79

5.1 树莓派 GPIO 回顾 ·· 79

　5.1.1 实时或近实时处理 ··· 80

　5.1.2 模拟输入 ·· 80

　5.1.3 模拟输出 ·· 80

5.2 Arduino 来救场 ……………………………………………………… 81

5.3 使用 Arduino ………………………………………………………… 82

   5.3.1 安装 Arduino IDE …………………………………………… 82

   5.3.2 连接 Arduino ………………………………………………… 83

   5.3.3 Arduino 编程 ………………………………………………… 84

   5.3.4 草图 …………………………………………………………… 88

5.4 Arduino 编程语言 …………………………………………………… 91

   5.4.1 包含其他文件 ………………………………………………… 92

   5.4.2 变量和数据类型 ……………………………………………… 92

   5.4.3 控制结构 ……………………………………………………… 95

   5.4.4 使用引脚 ……………………………………………………… 100

   5.4.5 对象和类 ……………………………………………………… 103

   5.4.6 串口 …………………………………………………………… 103

   5.4.7 Arduino 和树莓派相互通信 ………………………………… 105

5.5 Pinguino …………………………………………………………… 112

   5.5.1 设置电路 ……………………………………………………… 112

5.6 小结 ………………………………………………………………… 115

第6章 驱动电动机 ……………………………………………………… **116**

6.1 电动机和控制器 …………………………………………………… 116

   6.1.1 电动机类型 …………………………………………………… 117

   6.1.2 电动机特性 …………………………………………………… 118

   6.1.3 电动机控制器 ………………………………………………… 119

6.2 使用电动机控制器 ………………………………………………… 120

   6.2.1 Adafruit 直流和步进电动机控制器 HAT ………………… 120

   6.2.2 L298N 通用电动机控制器 ………………………………… 134

6.3 小结 ………………………………………………………………… 141

第7章 组装机器人 ……………………………………………………… **143**

7.1 组装底盘 …………………………………………………………… 143

   7.1.1 选择材质 ……………………………………………………… 144

   7.1.2 Whippersnapper ……………………………………………… 144

7.2 安装电子设备 ……………………………………………………… 147

7.3 布线 ………………………………………………………………… 151

7.4 安装传感器 ………………………………………………………… 153

7.5 成品机器人 ………………………………………………………… 155

7.5.1 让机器人动起来 155

7.6 小结 164

第 8 章 红外传感器 **165**

8.1 红外传感器介绍 165

8.1.1 红外传感器的类型 165

8.2 使用红外传感器 168

8.2.1 连接红外传感器 168

8.2.2 安装红外传感器 170

8.2.3 代码 171

8.3 了解 PID 控制 178

8.3.1 闭环控制 179

8.3.2 PID 控制器的实现 180

8.4 小结 183

第 9 章 OpenCV **184**

9.1 计算机视觉 184

9.1.1 OpenCV 介绍 185

9.1.2 选择摄像头 187

9.1.3 安装摄像头 188

9.2 OpenCV 基础知识 189

9.2.1 处理图像 190

9.2.2 图像采集 190

9.2.3 图像变换 196

9.2.4 处理颜色 198

9.2.5 斑点和斑点检测 201

9.3 追球机器人 206

9.4 小结 212

第 10 章 总结 **214**

10.1 机器人的类型 214

10.2 工具 215

10.2.1 软件 215

10.2.2 硬件 219

10.3 小结 221

第 **1** 章

机器人学导论

机器人学（Robotics）这个词有很多含义。对某些人来说，它是指任何能自行移动的东西，动力学艺术就是机器人学。对其他人来说，机器人学是指可以移动的东西，或者是自身可以从一个地方移动到另一个地方的东西。实际上有一个专业技术领域就叫移动机器人学，像 Roomba 或 Neato 等自动吸尘器，就属于此领域的产品。在我看来，机器人学应该介于动力学艺术和移动机器人学两者之间。

机器人（Robot）技术是应用某种逻辑以自动方式执行任务的技术。这一定义相当宽泛，但机器人技术确实是一个相当广泛的领域。它可以覆盖任何东西，从儿童玩具到某些汽车的自动停车功能。在本书中，我们将制造一个小型移动机器人。

你在本书中接触到的许多知识很容易转移到其他领域。事实上，我们将从头到尾完成制造机器人的整个过程。我将在本章后面的部分，介绍我们将要构建的项目。届时，我将提供本书中使用的零部件清单。这些零部件包括传感器、驱动器、电动机等。你完全可以使用手头上的任何东西，因为我们在本书中所讲述的一切，在很大程度上都可以应用于其他项目。

1.1 机器人学基础

如果你是机器人学新手，或者仅仅是对机器人学感到好奇，我想告诉你们，机器人包含了以下三大要素：

1）收集数据的能力。

2）对收集数据的处理能力。

3）与环境互动的能力。

在接下来的章节中，我们应用这个原理来制造一个小型移动机器人。我们将使用超声波测距传感器和红外传感器收集有关环境的数据。具体地说，我们将确定何时要避开一个物体，何时将要驶离桌面边缘，以及桌面与我们要跟进的路线之间的对比度。一旦有了这些数据，我们将应用某种逻辑来产生合适的响应。

我们将在 Linux 操作系统环境中使用 Python 语言来处理信息，并向电动机发送指令。之所以选择 Python 作为编程语言，是因为它很容易学习，而且你不必使用复杂开发环境来构建一些相当复杂的应用程序。

我们与环境的互动只是控制电动机的转速和转向，这将使我们的机器人在桌子或地板上自由移动。驱动电动机真的没什么大的难度。我们将研究两种实现方法：一种是为树莓派设计的电动机驱动器，另一种是通用的电动机控制器。

本书意在提供足够的挑战性。我会介绍一些相当复杂的内容，而且不会太深入。我不可能详细地介绍这些主题，但我相信在本书结束时你可以制造出一个能够正常工作的机器人。在每一章中，我会为你提供尽可能多的资源，以跟进讨论的主题。你可能有时会感到吃力，这很正常，我曾经也倍感艰难，而且现在也时常如此。

不是每个人都会对书中所有主题都感兴趣。我们期望你能在本书之外扩展你最感兴趣的领域。持之以恒，一定会收获满满！

在本书的最后，我增加了一点挑战内容。在第 9 章，我们开始利用树莓派的真正能力。我们将探索一下计算机视觉。具体地说，我们探索的是一个名为 OpenCV（CV 即 Computer Vision，计算机视觉）的开源包。它是一个大家常用的、非常强大的实用程序集合，它让图像和视频流的处理变得非常简单。在最新版树莓派上需要花 6h 才能构建好它。为了让事情简单一点，不浪费时间，我下载的操作系统版本已经预先安装了 OpenCV。我将在第 2 章详细讨论这个问题。

1.1.1 Linux 操作系统和机器人学

Linux 操作系统是一种基于 UNIX 的操作系统。它非常受程序员和计算机科学家的欢迎，因为它简单明了。他们似乎很喜欢终端的这种基于文本的界面。然而，对于包括我在内的许多其他人来说，Linux 操作系统可能非常具有挑战性。那么，我为什么要在机器人学入门书中选择这个环境呢？这个问题的答案有三个方面。

首先，当你使用机器人技术时，你最终还是要面对 Linux 操作系统。事实确实如此。你可以在不输入任何 sudo 命令的情况下完成很多工作，但是实现的功能有限。在 Linux 操作系统中，sudo 命令表示"super user do"，这将告诉操作系统，你将要执行的是超出一般用户访问权限的受保护功能。当我们开始研究树莓派的时候，你会学到更多。

第二，Linux 操作系统具有一定的挑战性。正如我之前所说，本书会让你面对种种挑战。如果你以前在 Linux 操作系统上工作过，那么这个原因对你就不适用了。但是，如果你不熟悉 Linux 操作系统、树莓派或在命令行中工作，那么我们要做的一些事情将是富有挑战性的。这很好，你正在学习新的东西，这本应该是一场挑战。

第三，这是到目前为止最重要的，树莓派使用的是 Linux 操作系统。是的，你可以在树莓派上安装其他操作系统，但它的设计初衷是使用 Linux 操作系统。事实上，树莓派自己有类似 Linux 操作系统风格的系统，叫作 Raspbian。这是推荐使用的操作系统，所以我们就用它了。使用预构建操作系统的好处之一，除了易于使用外，还预先安装了许多其他工具，可以随时投入使用。

由于使用的是 Linux 操作系统，所以我们将大量使用命令行指令，这是大多数新用户感到头疼的地方。命令行代码是通过终端输入的。Raspbian 有一个类似 Windows 操作系统风格的界面，我们要使用的就是这个界面，但 Raspbian 大部分时间使用的还是终端窗口。在图形用户界面（GUI）中有一个终端窗口，也就是我们使用的窗口。但是，当设置树莓派时，我们会设置它在默认情况下引导到终端模式。进入 GUI 只需要一个简单的 startx 命令。所有的这些都将在第 2 章中介绍。

1.1.2　传感器和 GPIO

GPIO（General Purpose Input/Output，通用输入/输出）表示与设备的所有各种连接。树莓派有很多 GPIO 选项：HDMI、USB 和音频等。然而，当我在本书中谈到 GPIO 时，我通常指的是 40 针 GPIO 插头。这个插头提供了对电路板大多数功能的直接访问。我将在第 2 章讨论这个问题。

Arduino 也有 GPIO。事实上，你可以认为 Arduino 只有 GPIO 一种资源。这基本上是事实，因为所有的其他连接都直接可用，允许你与位于 Arduino 核心的 AVR 芯片进行通信和供电。

所有这些插头和 GPIO 连接都露在外面，让我们可以访问板外的传感器。传感器是用于收集数据的装置。传感器类型多样，其用途也各不相同。传感器可用于检测光照水平、物体的距离、温度、速度等。特别地，我们会将超声波测距传感器和红外传感器连接到 GPIO 插头上。

1.1.3　运动和控制

大多数对机器人的定义都有一个共同点，那就是能够移动。当然，你也可以有一个并不会动的机器人，但这种类型的设备通常属于物联网的范围。

有很多方法可以让项目中的机器人动起来。最常见的方法是使用电动机，也可以使用螺线管、气压或水压。我将在第 6 章详细讨论电动机。

虽然可以直接从树莓派或 Arduino 板上驱动电动机，但强烈建议不要这样做。电动机消耗的电流往往会超过主板上处理器所能承受的范围。相反，建议你使用电动机控制器。和电动机一样，电动机控制器也有多种形式。我们要使用的电动机控制器是通过树莓派上的插头来访问的。我还将讨论如何用 L298N 双电动机控制器来驱动电动机。

1.2　树莓派和 Arduino

我们将树莓派（见图 1-1）和 Arduino（见图 1-2）结合使用，作为我们的机器人处理平台。

图 1-1　树莓派 3 B +

图 1-2　Arduino Uno

树莓派是一种单板计算机，大约有一张信用卡那么大。尽管体积很小，但它是一个功能非常强大的设备。树莓派所运行的 Linux 操作系统的版本，是专门为驱动其 ARM 处理器而定制的。这使得这个小设备具备了很多功能，从而很容易嵌入到机器人之类的东西中。但是，尽管它是一台很棒的计算机，它也有并不出众之处，其中之一就是与外部设备接口方面。它也能访问传感器和其他外部设备，但 Arduino 在这方面做得更好。

Arduino 是另一种易用的小型处理设备。然而，与树莓派不同，它无法安装完整的操作系统。它没有运行像 ARM 那样的微处理器，而是使用了一种不同类型的芯片——微控制器。其区别在于，微控制器是专门设计用来与传感器、电动机、灯光和各种设备进行交互的。它直接与这些外部设备交互，而树莓派在到达设备所连接的引脚之前，要经过许多层的处理。

通过将树莓派和 Arduino 结合起来，我们可以利用其各自的优势。树莓派提供了完整的计算机高级处理能力，Arduino 提供了对外部设备的原始控制能力。树莓派允许我们处理来自一个简单 USB 摄像头的视频流，而 Arduino 允许我们从各种传感器收集信息，并应用逻辑来理解所有这些数据，然后将简明的结果返回给树莓派。

你将在第 2 章了解更多关于树莓派的知识。稍后，你将学习如何将 Arduino 连接到树莓派，并对其进行编程，以及如何在 Arduino 和树莓派之间来回传递信息。

1.3　项目概览

在本书中，我们将制造一个小型移动机器人。机器人的设计是为了展示你在每一章学到的知识。然而，在我们真正制造机器人之前，我们需要先学习大量的相关内容，以便为将来的课程奠定基础。

1.3.1　机器人

我们将要制造的机器人是一个小型的两轮或四轮自主漫游车。它将能够探测到障碍物和桌面边缘，并能沿着一条路线前进。我选择的底盘是一个四轮机器人，当然还有适合这个项目的其他设计（见图 1-3 和图 1-4）。

虽然我提供了一个我在项目中使用的物料清单，但是你也可以使用你希望使用的任何部件。重要的是，它们的功能与我所列举的部件功能要一样。

1.3.2　物料清单

在大多数情况下，我尽量保持物料清单（Bill of Materials，BOM）的通用性。有几项是特定供货商提供的，我选择它们是因为它们功能丰富、使用方便。直流步进电动机控制器和树莓派 T-Cobbler 购买自线上零售商，线上零售商有大量的零件和教程。底盘套件也购买自

图1-3　机器人的正面：超声波传感器和位于面包板上的 T-Cobbler

图1-4　机器人的背面：树莓派和电动机控制器

线上零售商。

以下是我们在本书中使用的一些特殊部件（见图1-5）：

1）Runt Rover Junior 机器人底盘。

2）Adafruit 直流步进电动机控制器 HAT（适用于树莓派）——迷你套件，产品编号（PID）：2348。

3）用于 Pi A+/B+/Pi 2/Pi 3 的 GPIO 插头——超长 2×20 针引脚，PID：2223（允许使用附加板和 T-Cobbler 连接到面包板上）。

4）组装好的树莓派 T-Cobbler Plus——GPIO 分解扩展板，适用于 Pi A+/B+/Pi 2/Pi 3/Zero，PID：2028。

图 1-5　Runt Rover 底盘零件和树莓派 T-Cobbler、排线、电动机控制器 HAT 和扩展插头

以下部件（见图 1-6）都比较常见，在大部分电子元器件商店都能购买到：

1）树莓派 3 B 型（带 1GB RAM 的 ARMv8）。

2）Arduino Uno。

3）4 节 AA 电池组，带 on/off 开关（用于为电动机供电）。

4）USB 电池组：2200mAh，5V/1A 输出，PID：1959（用于为树莓派供电）。

5）半尺寸面包板。

6）超声波传感器：HC-SR04。你可能需要好几个这种传感器。你会发现，单个超声波传感器在角度上并不可靠，而使用阵列则能取得较好效果。我在大多数项目中至少使用 3 个传感器。

7）一组跳线（见图 1-7）。你既需要公对公跳线，也需要公对母跳线。把跳线做成多种颜色是个好主意。黑色和红色用于为你的设备供电，其他颜色可以帮助你理解你的电路。幸运的是，你可以通过一条彩色排线得到所有类型的跳线。

8）用于连接 Arduino 的 USB 连接线。

9）用于连接树莓派的 micro USB 连接线。

10）一个普通的 USB 手机充电器，最好是智能手机或平板电脑使用的，并能提供 2A 电流输出。

11）带 HDMI 的电视机或计算机显示器。许多计算机显示器上没有 HDMI。你可以使用 HDMI-DVI 适配器，以便使用现有的显示器。

12）USB 键盘和鼠标（我喜欢结合使用罗技 K400 无线键盘和触摸板，但其他的选择还有很多）。

13）联网的计算机。

14）用于连接树莓派的 Wi-Fi 或以太网连接线。

图 1-6　通用部件：树莓派、Arduino Uno、超声波传感器、电池组和面包板

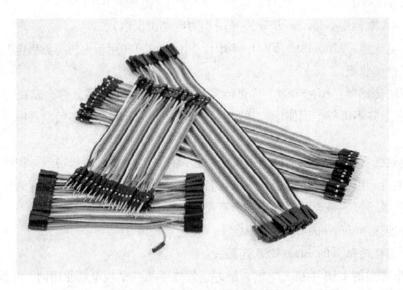

图 1-7　排线形式的跳线，可以根据需要撕下相应数量

你不需要在显示器和键盘上花太多心思。一旦阅读了介绍安装和配置树莓派的第 2 章，你就不再需要它们了。我有好几个无线键盘，因为我通常会同时运行多个项目。而显示器这

块，我只使用了一个带 HDMI–DVI 适配器的显示器。

如果你没有使用包含电动机和车轮的底盘套件，你还需要以下部件（见图 1-8）：

1）Hobby 齿轮电动机：200r/min（1 对）。

2）车轮：65mm（橡胶轮胎，1 对）。

图 1-8　直流齿轮电动机和车轮

如果不想使用 Adafruit 电动机和步进电动机控制器 HAT，你也可以使用几乎任何一种电动机控制器，尽管每种控制器都有不同的接口和代码。一个常见且相当流行的选项是 L298N 双电动机控制器（见图 1-9）。

图 1-9　L298N 双电动机控制器模块有很多种类，但基本工作原理相同

我还保留了一些其他物品没有介绍，因为它们几乎在每个项目中都会用到。我们将在第7章中组装机器人，因此你还需要双面胶、10cm 长的扎带，以及魔术贴。当你继续学习机器人学的时候，你会发现自己经常需要这些物品。事实上，你可能需要准备各种尺寸的扎带。相信我，准没错!

1.4　小结

机器人学入门并不一定很困难。然而，这无疑会是个挑战。本书介绍了一些技能，但是如果你要在这个领域取得成功，就需要你对其进行拓展。我们制造机器人时，会向你介绍树莓派、Linux 操作系统、Arduino、传感器和计算机视觉等相关知识，这些技能很容易扩展到大型机器人和其他类似项目中。

第 2 章

树莓派简介

本书的目的是给你一个挑战，让你制造一个简单的机器人，这个机器人随后可以不断地进行扩展。本书有难度是故意为之的，但它也不会太难或者太复杂。在这个过程中，你可能会经历许多复杂的情况，但是在你的树莓派上安装操作系统并不一定是其中之一。

2.1　下载并安装 Raspbian

实际上，有两种方法可以在树莓派上安装操作系统（OS）。

第一种方法是下载最新的 Raspbian 镜像，将其写入 SD 卡，然后再继续其他步骤。此方法需要安装第三方软件包，在 SD 卡上写入可引导镜像。它的优点是占用 SD 卡空间更小。如果你使用的是 8GB 的 SD 卡，这可能会有所帮助；如果你使用更大容量的 SD 卡，那么这个考虑就没有意义了。

虽然直接安装并不那么复杂（实际上相当简单），但是有一种更简单的方法，不需要在系统上安装额外的软件。NOOBS（全新开箱即用程序）旨在使你的树莓派在安装和配置时更加容易。它允许你从多个操作系统中进行选择，然后进行快捷安装。然而，NOOBS 软件包仍然会保留在 SD 卡上，这占用了宝贵的空间。它确实允许你进行回退并修复你的操作系统，或是完全换成另一个操作系统，但这些东西也很容易通过手动处理来实现。

最终的选择权还是在你。这两种安装方法我都会做一遍，以便你确定哪一种最适合你。无论你选择哪种方法，你的旅程都将从下载 Raspbian 开始（下载页面链接为www. raspberrypi. org/downloads/，见图 2-1）。

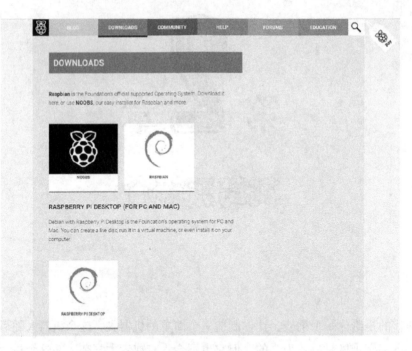

图 2-1　Raspbian 下载页面

2.1.1　附带 OpenCV 的 Raspbian

在本书的最后，我们将研究计算机视觉，向你展示为什么你应该使用树莓派而非功能较弱的其他平台。但是，为此你需要在树莓派上安装 OpenCV。

不幸的是，并没有针对树莓派的简单 OpenCV 安装程序。因为树莓派是运行在 ARM 处理器上的，所以必须从源代码编译包，编译过程要花上整整 6h。

为了方便大家，我在 Raspbian Jesse 中预编译了 OpenCV，并在 https：//github. com/jci-colani/Jesse-OpenCV 处提供了可下载镜像。

你仍然需要完整地走一遍安装和配置过程来定制安装。该镜像包含了你需要更改的默认设置（除了少数生成构建所需的一些设置）。

2.1.2　"困难"方法

开始安装吧，相对困难一点的方法是将 Raspbian 操作系统镜像直接安装到准备启动的 SD 卡上。这是我使用的方法，因为它实际上并不比前面的方法复杂，而且它允许我使用 NOOBS 中无法使用的版本。

Jessie 是操作系统的最新稳定版本，我们要使用的就是它。其中 Raspbian 的安装版本有两种。第一种是带 PIXEL 的 Raspbian Jessie，PIXEL 是新的、优化后的 GUI。下载镜像的大小为 1.5GB，解压后大小为 4.2GB。第二种是 Raspbian Jessie Lite，这是最小的镜像，其下载大小要小得多，只有 300MB（解压后为 1.4GB）。然而，镜像这么小意味着其没有 GUI，所以一切都需要通过命令行来完成。如果你喜欢使用无头模式的 Linux 操作系统，那么这很适合你。不过我们将使用更占空间的带 PIXEL 的安装版本。

如果安装了 BitTorrent 客户端，请单击 Download Torrent，这比下载 .zip 文件要快得多。

1）打开链接 www.raspberrypi.org/downloads/。

2）单击 Raspbian 镜像。

3）选择要安装的 Raspbian 版本。

4）下载完成后，将文件解压至容易找到的地方。

5）下载并安装 Win32 Disk Imager，它允许你将刚刚下载的镜像文件写入 micro SD 卡。你可以在 https://sourceforge.net/projects/win32diskimager/获取该软件。

6）你也可以下载 SDFormatter，以确保你的 micro SD 卡已正确准备好。你可以在 www.sdcard.org/downloads/formatter_4/获取该软件。

7）将 micro SD 卡插入连接到计算机的读卡器中。

8）如果你已经下载并安装了 SD Formatter，请打开它。你应该会看到一个类似于图 2-2 所示的对话框。

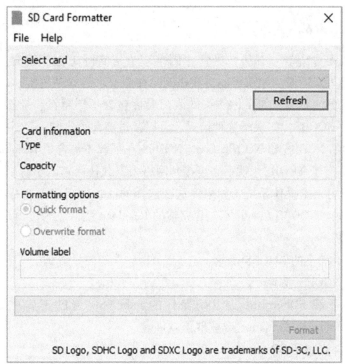

图 2-2　SD 卡格式化

9）确保选中代表 SD 卡的驱动器。你将要进行格式化操作，所以如果你选错了，那么所选驱动器上的所有内容都会被清除。在默认情况下该工具通常能够正确选择，但也要再次检查一下。最好断开其他外部存储设备的连接。

10）确保打开 Format size adjustment 设置，这将删除卡上的所有分区并使用整个分区。将所有其他设置保留为默认设置。

11）单击 Start。完成这个过程后，就可以安装操作系统了。

12）要将镜像写入 SD 卡，请打开 Win32 Disk Imager。

13）在镜像文件字段中，选择你下载的 Raspbian 镜像。你可以单击文件夹图标并导航至镜像目录下。

14）确保在设备下拉框中选择了 SD 卡。同样，选择错误的设备会导致非常严重的后果，所以一定要注意。

15）单击 Write 执行写入。

16）写入完成后，从读卡器中取出 SD 卡。

17）将卡插入树莓派上的 micro SD 卡读卡器中。

这些步骤听起来很长，实际上时间很短，也很容易。接下来，让我们介绍 NOOBS 的安装过程。

2.1.3　"简单"方法

我称这种方法为"简单"方法，尽管"困难"方法实际上也相当容易。之所以简单，是因为你不必直接写入镜像。你很可能需要格式化存储卡，但如果是新卡，则可能不需要格式化。为了让事情更加简单，如果你购买的入门套件包含了树莓派，那么在 micro SD 卡上很可能已经安装了 NOOBS。如果是这种情况，可以跳过前几个步骤。

你有两个选择：NOOBS 和 NOOBS Lite。NOOBS 在下载中包含了 Raspbian 镜像，因此如果在 micro SD 卡上有了 NOOBS，就不必连接到网络来下载任何东西了。

你还可以选择另一个操作系统，如果你这么选择的话，你需要把树莓派连接到网络上，让 NOOBS 下载镜像。NOOBS Lite 并不包含完整的 Raspbian 镜像。为了简单起见，我们选择标准 NOOBS 来安装。

1）单击下载页面上的 NOOBS 镜像。

2）选择你的 NOOBS 版本。

3）你也可以下载 SDFormatter，以确保你的 micro SD 卡已正确准备好。你可以在 www. sdcard. org/downloads/formatter_4/获取该软件。

4）如果下载并安装了 SDFormatter，请打开它。

5）确保选择了代表 SD 卡的驱动器。你将要进行格式化操作，所以如果选错了，那么所选驱动器上的所有内容都会被清除。在默认情况下该工具通常能够自动正确选择，但也要再次检查一下。最好断开其他外部存储设备的连接。

6）确保打开 Format size adjustment 设置，这将删除卡上的所有分区并使用整个分区。将所有其他设置保留为默认设置。

7）单击 Start。完成这个过程后，就可以安装操作系统了。

8）将 NOOBS 文件直接解压至 micro SD 卡上。

9）从读卡器中取出 micro SD 卡。

10）将卡插入树莓派上的 micro SD 卡读卡器中。

11）此时，你需要连接树莓派才能继续。所以，现在可以跳到 2.2 节。完成连接后，请返回本节继续安装。

12）当你把电源连接到树莓派时，它会引导到 NOOBS 安装屏幕。如果使用 NOOBS Lite，你可以选择操作系统。如果使用标准的 NOOBS，那么你唯一的选择就是 Raspbian（这完全可以，因为我们用的就是这个）。

13）单击 Raspbian 以确保选中它。还要确保在屏幕底部选择正确的语言（在我的项目中选择的是英语）。

14）单击屏幕顶部的 Install 按钮。

安装可能需要一段时间，所以去喝杯咖啡休息一下吧！

2.2　连接树莓派

现在你的 micro SD 卡已经准备好了，你需要连接你的树莓派。如果你使用的是第一代树莓派，这就有点复杂了。

第一代树莓派之后的所有型号都提供了多个 USB 端口和一个 HDMI，让一切变得更加简单。树莓派的连接非常简单。

1）通过 HDMI 连接线连接显示器。如果你使用的小型电视机配备的是复合连接，而非 HDMI，树莓派上的音频插孔是一个四极复合插孔，那么你需要一个 RCA-3.5mm 转换器（通常是线缆形式），以完成显示器的连接。

2）将键盘和鼠标连接到 USB 端口。我使用的是无线键盘/触摸板组合，因为它小巧便携。

3）确保带有 Raspbian 或 NOOBS 的 micro SD 卡已安装在树莓派上的 micro SD 读卡器中。本质上，这是树莓派上的小硬盘，所以它的位置必须正确。如果将 micro SD 卡插入到连接至某个 USB 端口的 SD 卡读卡器中，则无法正确读取操作系统。

4）如果使用以太网连接线，请将其连接到以太网端口。你也可以将 Wi-Fi 加密狗插入 USB 端口。如果你像我一样使用的是 Pi 3，则 Wi-Fi 模块是内置的。

5）将 5V 电源连接到 micro USB 端口，这个端口只供电源使用。你不能通过 USB 端口访问电路板。

这样就连接好了。你的树莓派应该看起来像图 2-3 所示。树莓派应该在你的显示器上启动了。如果要安装 NOOBS，请返回 2.1.3 节的步骤 10) 以完成安装过程。

图 2-3　连接树莓派

现在你已经连接并启动，之后还需要登录一下。以下是 Raspbian 安装的默认用户名和密码：

- 用户名：pi。
- 密码：raspberry。

当然，默认用户名和密码永远都不安全。所以，为了防止你的"黑客朋友"拐跑你的机器人，我们要做的第一件事就是更改密码。在后面的配置中，我们将更改默认用户名。

2.3　配置树莓派

现在我们已经完成了初始安装，接下来我们将进行一些定制。根据你的特定用途，树莓派有几个可以启用的特性。为了减少运行操作系统所需的一些开销，这些特性最初都是关闭的。而我们之所以修改配置，是为了更加安全和方便。

2.3.1　使用 raspi-config

为了进行定制，树莓派基金会的优秀工作人员已经为我们提供了一个名为 raspi-config 的实用程序。使用它需要一个命令行终端。现在只是输入了一个命令，但是随着我们研讨的深入，你将会更加熟悉终端窗口。如果你不熟悉 Linux 操作系统（Raspbian 是基于 Linux 操作系统的），这可能会有点让人望而生畏。不过没必要这样，我会尽力让你安心的，但你必须学会如何处理命令行。

有关 raspi-config 实用程序的更多信息，请访问 www. raspberrypi. org/documentation/configuration/raspi-config. md。

到这里，你应该已经启动了你的树莓派。如果没有，那现在就启动它吧。

接下来，我们将做几件事来配置树莓派，首先扩展文件系统以利用整个 micro SD 卡。默认情况下，Raspbian 不使用整个 micro SD 卡，所以我们要告诉它怎么做。如果你正在使用 NOOBS，那么它已经为你完成了设置，所以你可以跳过这一步。

1）单击屏幕顶部的树莓图标，这将打开一个应用程序列表。

2）选择 Accessories→Terminal，如图 2-4 所示。打开后，会显示一个终端窗口（见图 2-5）。

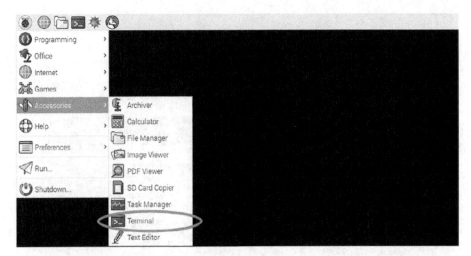

图 2-4 从应用列表中选择 Terminal，或者直接单击快速访问栏上的终端图标

3）输入 sudo raspi-config。

这将打开树莓派软件配置工具，如图 2-6 所示。

新版本的 Raspbian 会在你第一次启动树莓派时自动扩展文件系统。除非你使用的是旧版本的 Raspbian，否则你应该能够跳过下一步，并继续更改密码。

4）确保 Expand Filesystem 高亮显示。

5）按 Enter 键。系统会弹出一条关于扩展文件系统的消息，并要求你重新启动（我们将在完成大部分更改后再重新启动）。

接下来，我们将更改用户密码。

6）确保 Change User Password 高亮显示。

7）按 Enter 键。系统会显示一条消息，提示你输入新密码。

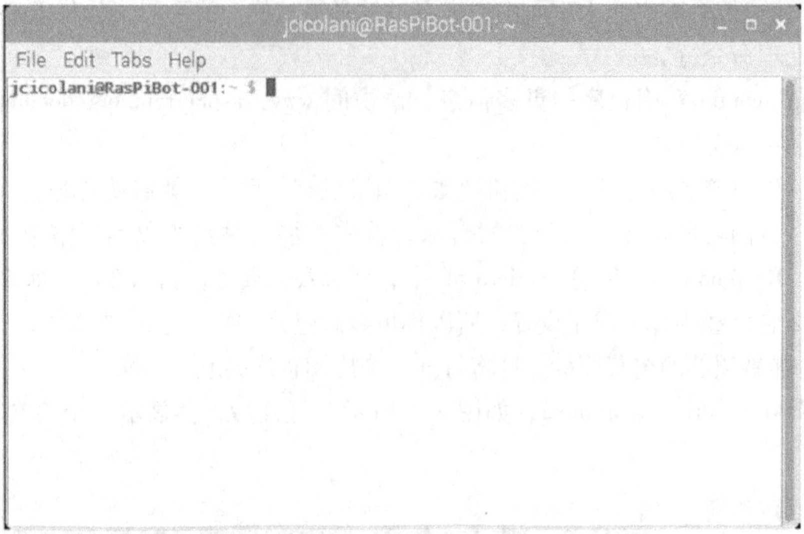

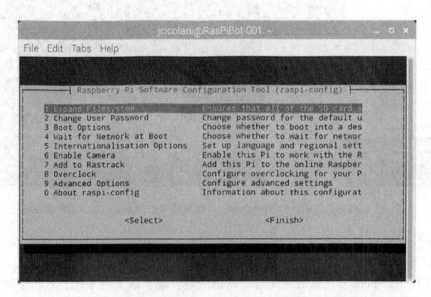

图 2-5　终端窗口

图 2-6　raspi-config 页面：大部分 OS 级选项都在此设置，包括启动和禁止服务

8）按 Enter 键。这会让你进入终端输入新密码。

9）输入新密码，然后按 Enter 键。

10）确认新密码并按 Enter 键。这时会显示密码已更改成功的确认信息（见图 2-7）。

11）按 Enter 键。

接下来的几个步骤将激活一些服务，我们稍后会用到它们。

我们先从改变树莓派的主机名开始，这样可以让我们更容易在网络中找到它。当你房间

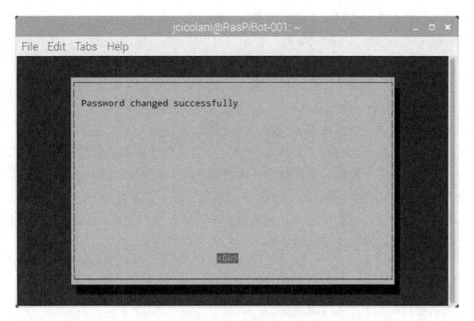

图 2-7　raspi-config 中密码更改成功提示

里还有另外 20 个树莓派时，这一点就显得尤为重要。

12）确保 Advanced Options 高亮显示，然后按 Enter 键。此时会显示界面和其他选项（见图 2-8）。

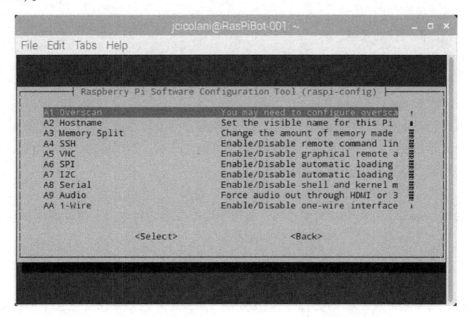

图 2-8　raspi-config 高级选项：主机名和服务启动就是在这里设置的

主机名是你的树莓派在网络上展示的名字。你会想给你的树莓派取一个唯一的名字，特别是在同一时刻网络上有多个树莓派时。主机名应该针对应用程序有意义，并且是唯一的。

13）高亮显示主机名并按 Enter 键。

14）出现的对话框解释了主机名的要求——只能是字母、数字、字符，不能包含符号、连字符和下划线。按 Enter 键继续。

15）输入新主机名，然后按 Enter 键。

SSH 允许我们通过终端窗口（SSH 客户端）从另一台计算机访问树莓派。PuTTY 是一个 Windows 操作系统下非常流行的免费 SSH 客户端。SSH 不提供 GUI。所有交互都是使用终端命令进行的。如果你想快速执行一个程序，安装软件等，这很有帮助。当你对终端越来越熟悉时，你很可能发现自己会使用 SSH 连接来执行简单命令，同时又保留 VNC（远程桌面）用于执行像编写程序这种更为复杂的任务。

16）返回高级选项菜单。

17）选择 Enable SSH 并按 Enter 键。

18）确认要启用 SSH 并按 Enter 键。

19）再次按 Enter 键返回菜单。

I^2C 是一种串行通信协议，在树莓派、Arduino 等嵌入式系统中非常流行。它允许通过使用多个引脚与多个设备进行稳定通信。我们要使用的电动机控制器就是通过 I^2C 进行通信的（如果你后来再添加其他板，例如伺服控制板，它也将使用 I^2C）。只要设备的地址不同，你就可以继续堆叠它们。

20）返回高级选项菜单。

21）选择 Enable I^2C 并按 Enter 键。

22）确认要启用 I^2C，然后按 Enter 键。

23）再次按 Enter 键返回菜单。

因为我们还计划使用树莓派无头模式（不连接显示器、键盘或鼠标），所以我们将其设置为自动引导到控制台。不用担心，当你想启动桌面 GUI 时，也很容易，你以后会看到的。

24）转到引导选项并按 Enter 键。

25）选择 Console 并按 Enter 键。如果你确信你是唯一一个能直接访问你的树莓派的人，你可以选择 Console Autologin。自动登录不适用于远程会话，只适用于通过键盘和显示器直接访问。

26）更新所有设置后，高亮显示 Finish，然后按 Enter 键。

27）树莓派会询问你是否想重启。选择 Yes，然后按 Enter 键。

此时，树莓派重新启动。这可能需要几分钟时间，尤其是如果你没有通过 NOOBS 进行安装，树莓派就需要花时间扩展你的文件系统。

请记住，我们将树莓派设置为默认情况下引导到控制台。因为接下来的几个步骤都通过命令行来完成，我们就不需要加载 GUI 了。不管怎样，还是直接上手吧，这样你就能明白到底有多简单。

28）输入 startx 并按 Enter 键。

你现在在 GUI 桌面上了。要退出桌面，请执行以下操作：

1）单击程序菜单（左上角的树莓图标）。

2）单击 Shutdown 按钮。

3）选择 Exit to command line。

现在应该返回到了命令行。

2.3.2 用户

每次安装 Raspbian 时的默认用户都是 pi。之前为了提高安全性，我们已经修改了密码。但是，你可能不希望总是以 pi 用户的身份登录。

还记得我说过我们要开始更多地使用终端吗？是的，从现在就开始了。通过命令行创建和管理用户最为简单。我们现在一起来看看这个过程。

1. root 用户安全性

除了默认用户 pi 之外，树莓派上还有另一个默认用户，即 root 用户。root 用户本质上是计算机用来执行底层命令的管理用户。这个用户可以访问任何东西，并且可以做任何事情，因为 root 用户表示机器本身。但是，与默认的 pi 用户不同，root 用户没有默认密码。它并没有设置任何密码。

因此，在我们为机器人配置和保障计算机安全时，应该给 root 用户设置一个密码，操作如下。

1）打开终端窗口。

2）输入 sudo passwd root（请注意 passwd 是正确的命令，并不是打字错误）。

3）输入 root 用户的新密码。

4）再次输入密码进行确认。

现在你的 root 用户安全了，这很好，因为在下一步配置中就需要它。

2. 更改默认用户名

你要做的第一件事是将默认用户名更改为你想要的用户名，使用自己的用户名替换用户名 pi。这为设备提供了另一层安全性：现在，不仅需要知道密码是什么，甚至连默认用户名都更改了。这样做还保留了默认用户的一些特殊的、未记录的权限。

1）注销 pi 用户。你可以通过菜单，或只需在终端中输入 logout 就可以做到这一点。

2）使用添加了密码的 root 用户登录。

3）输入

usermod-l ＜ newname ＞ pi

＜ newname ＞是你选择的新用户名。注意不要输入命令中的"＜"和"＞"。

4）要更新主目录名，请输入

usermod-m-d /home/ ＜ newname ＞ ＜ newname ＞

同样，＜ newname ＞是你在上一步中使用的新用户名。

5）注销 root 用户，用新用户名重新登录。

此时，你已经更改了默认用户和 root 用户的默认用户账号。你还更改了主机名。这是保护你的树莓派和机器人的最低要求。

你的树莓派现在已经设置和配置好，可以随时使用了。在继续下一章之前，我们还有一件事要做，那就是把树莓派设为无头模式。

将机器设为"无头"模式仅仅表示通过配置，可以不需要连接显示器、键盘和鼠标就能操作它。这通常有两种方法：使用 KVM 开关或设置远程访问。在移动机器人上，连接 KVM 实际上并不可行。事实上，这和简单地把一切都连接到机器人上并没有什么不同。我们要做的是设置树莓派，这样就可以通过网络远程访问它。但首先，我们得确保已经把树莓派正确连接到网络中。

2.3.3　连接到无线网络

最开始连接树莓派时，可以选择使用以太网网线进行连接。如果这么做了，那么你已经在网络中了。但是，你仍然希望通过无线网络进行连接，这样你就可以在机器人移动的时候远程接入。你可以给它发送命令，更新代码，甚至可以从安装的网络摄像头上观看视频。

要连接到无线网络，你需要使用 Wi-Fi。如果你使用的是树莓派 3，那么你已经有了一个内置的模块；否则，你需要一个 Wi-Fi 加密狗，最好是一个可以通过 USB 端口供电的。在这里做一点点研究会受益良多。

1）输入 startx，登录 GUI 界面。

2）单击屏幕右上角的网络图标，图标如图 2-9 所示。

3）从列表中选择无线网络。

4）输入网络的安全密钥。

现在应该连接上了无线网络。

图 2-9　网络连接图标

2.4　转入无头模式

当你在工作间工作时，你不会想带着一个额外的显示器、键盘和鼠标。为了让你的生活更轻松，我们需要设置一下，这样你就可以使用无头模式访问树莓派了。

2.4.1 远程访问

有两种方法来实现远程访问。一种方法是使用 SSH，它允许你使用终端客户端连接到远程设备上。另一种方法是设置远程桌面。

1. 使用 xrdp 的远程桌面

让我们从通过另一台计算机远程访问桌面开始。以下说明适用于使用 Windows 操作系统的用户。大多数现在的 Windows 操作系统都已经安装了远程桌面连接，一旦设置好，我们就可以使用它来连接到树莓派。

让我们在树莓派上安装两个服务：tightVNCserver 和 xrdp。理论上讲，xrdp 应该自己安装了 VNC 服务器。而事实上，它并没有安装。此时，你应该已打开了树莓派上的命令行。

1）输入 sudo apt-get install tightvncserver。

2）完成安装。

3）输入 sudo apt-get install xrdp。

安装完成后，你就可以继续了。

要建立连接，请执行以下操作。

4）在树莓派上，输入 sudo ifconfig。

5）如果你使用以太网连接线，请注意 eth0 块中的 Internet 地址（inet addr）或 Wi-Fi 的 wlan0 块。

6）在笔记本计算机上，打开远程桌面连接。出现连接对话框，如图 2-10 所示。

图 2-10　Windows 操作系统远程桌面连接

7）输入树莓派的 IP 地址。

8）单击 Connect。

你应该可以看到带有 xrdp 登录界面的远程桌面屏幕（见图 2-11）。

9）输入用户名和密码。

10）单击 OK。这将打开你的树莓派桌面（见图 2-12）。

图 2-11 xrdp 远程桌面登录界面

图 2-12 通过远程桌面会话查看的默认 Raspbian 桌面

只要树莓派的 IP 地址不变,使用它时就不再需要键盘、鼠标或显示器。

2. 使用 PuTTY 进行 SSH 连接

最常见的 SSH 客户端可能是 PuTTY。它可以免费使用,并可以从 www. chiark. greenend. org. uk/ ~ sgtatham/putty/download. html 下载。

下载的 PuTTY 文件是可执行文件,不需要安装。把它放在你的桌面上或者其他容易找到的地方即可。要建立连接,请执行以下操作。

1)打开 PuTTY(见图 2-13)。

2)输入树莓派的 IP 地址。

3)单击 Open。

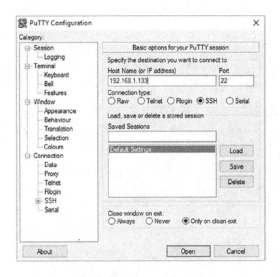

图 2-13 PuTTY 配置窗口

4）你可能会收到一个安全警告，如图 2-14 所示，但我们知道这是正确的连接，因此单击 Yes。

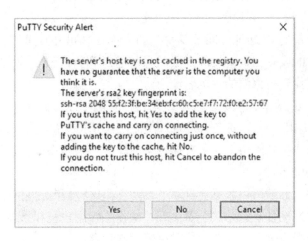

图 2-14 首次使用 PuTTY 进行 SSH 连接时的安全警告

这将打开一个终端窗口，会要求你输入用户名和密码。

5）输入用户名和密码。现在你应该会看到终端提示，如图 2-15 所示。

这样就设置好了。你现在正通过 SSH 连接到你的树莓派。你可以同时有多个连接，但不要超过你需要的连接数。当你使用机器人操作系统（ROS）时，多重连接非常方便（别担心，还有一段路要走，暂时还用不到 ROS）。ROS 通过终端运行多个程序，每一个程序都需要自己的终端窗口。有了 PuTTY，你就可以根据需要拥有任意多个远程终端连接。

图 2-15　Open SSH 连接

3. 在网络上查找设备

要远程访问你的树莓派，你需要知道它在网络上的 IP 地址。通常，网络交换机在会话之间保留设备的 IP。但是，并不能保证总是如此。

在网络上查找设备的 IP 地址可能很棘手。如果你在家里并且可以访问路由器的管理面板，这可能是找到你的设备的最直接的方法。只需登录到路由器，找到已连接设备的列表，然后向下滚动，直到找到树莓派的主机名。

如果你需要找到 IP 地址，但不在家里，有几种方法可以做到这一点。最简单的方法是在手机上使用 Nmap 应用程序。我在 Android 手机上使用了一个名为 Fing 的应用程序。一旦网络上的所有设备都连接到网络上，所有连接 Wi-Fi 的应用程序都会显示出来。你只需向下滚动列表，并找到主机名。

如果是新的网络，你的树莓派不会自动连接到它。这种情况让它有点棘手。为了让事情更简单，出门前要做好准备。我是一个 Windows 操作系统用户；如果你不是，你需要为你的操作系统查找正确的操作过程。我在旅行时用笔记本计算机做这个操作。它允许我远程进入树莓派，并在足够长的时间内连接到本地 Wi-Fi，然后获得 wlan0 IP 地址。

请记住，IP 地址是由笔记本计算机分配的。此操作结束时获得的 IP 地址可能无法在其他计算机上运行。

在 Windows 7 或更高版本操作系统的计算机上，你可以执行以下步骤来直接远程访问树莓派以获取其 IP 地址。如果你需要直接连接到树莓派以建立新的 Wi-Fi 连接，请记下 IP 地址。你需要一根短的以太网连接线，并应该把它加到你的工具箱里。

请确保你能够通过显示器、键盘和鼠标进行设置，或通过 Wi-Fi 网络远程连接来查看树莓派。树莓派无法通过以太网连接线连接到网络，因为一些操作需要占用以太网端口。

1）将以太网连接线连接到笔记本计算机。

2）将连接线另一端连接到树莓派上的以太网端口。

3）打开树莓派上的终端窗口。

4）输入 sudo ifconfig。

5）在 eth0 块中找到 inet addr。

6）打开笔记本计算机的终端窗口。可以通过在"开始"菜单中搜索 cmd 来完成此操作。

7）在 Windows 操作系统终端中输入以下内容：

ping <your.Pis.IP.address>

< your. Pis. IP. address >是树莓派中的 eth0 IP 地址。

8）打开笔记本计算机上的远程桌面连接。

9）在树莓派上输入 IP 地址，然后按 Enter 键。

你现在应该有一个从你的笔记本计算机直接连到树莓派的远程连接。请确保将此 IP 地址保存在以后可以找到的位置。远程桌面连接应该已经记住它了，但最好也把它保存在其他地方。

现在，每当你尝试连接到一个新的 Wi-Fi 网络时，就可以使用以太网连接线直接从你的笔记本计算机远程进入树莓派。一旦远程进入，只需从可用网络列表中选择网络并输入密码即可（如果有密码的话）。

2.5 小结

树莓派是为电子爱好者设计的。这种小型 Linux 操作系统的计算机对于许多不同类型的项目非常有用，但这意味着你需要学习一点 Linux 操作系统。树莓派基金会的开发人员提供了一个易于使用的 Debian Linux 版本，名为 Raspbian。

我们通过配置远程访问使基本安装更进一步。这允许你通过网络远程访问机器人，也意味着不再需要显示器和键盘了。

第 **3** 章

Python入门教程

本书的目的是让你挑战制造一个简单的机器人，并可以不断进行扩展。全书故意设置成有一定的难度，旨在提供一种实践经验，帮助你克服学习机器人学最困难的部分——被技术吓倒。我会教你一些机器人学的基本知识，就像我学游泳一样——被扔到深水区，让更有经验的人看着你，确保你不会被淹死。

因此，我希望你能从你的经历中汲取经验，并通过自己的学习加以补充。我会让你朝着正确的方向走，但不会提供太多帮助。你必须靠自己填补空白，去学习一些细节，特别是一些和具体应用相关的细节。

关于 Python，我将向你展示如何安装工具、使用编辑器，以及编写一些简单的程序。我们将快速了解程序结构、语法和格式问题、数据类型和变量，然后直接进入控制结构和 Python 中一些面向对象的内容。如果这些东西让你觉得有些难度，也不必担心，你会在本章结束前理解它们的。

在本章的最后，我不期望你能独自编写程序。我所期望的是让你知道如何编写代码，如何使用编辑器，如何更舒服地使用编辑器，以及如何编译和执行程序。最重要的是，你应该能够查看别人的代码并读懂它，对他们试图做什么有一个基本的理解，并能识别出其中的构建块。剖析别人的代码对快速学习非常重要。本书的一个前提是不要重复"造轮子"。你要做的大部分事情都是别人以前做过的，只要稍加搜索就能找到。能够阅读和理解查找到的东西将会帮助你更快达成目标。

以下是一些资源方面的建议：

- Python 的社区支持非常好。Python 网站是学习和成长的宝贵资源。特别地，一定要看看新手页面 www. python. org/about/gettingstarted/。
- 为自己准备一两本关于 Python 的好书。本书能够让你入门，但会有很多细节没有细说。找一些有关 Python 设计模式的书籍，以及构建算法的不同方法，以使代码尽可能高效。找一些可以帮助你深入了解你的应用程序的书籍。

- 不要认为你必须独自学习 Python 或本书中的任何其他主题，要知道外面有一个庞大的社区。可以找一找当地的会议、俱乐部和交流课堂，或者是当地的创客空间，我保证你会在那里找到能帮助你的人。

3.1　Python 概述

Python 是由 Guido van Rossum 在 20 世纪 80 年代后期创建的一种高级编程语言。由于灵活、易学和易于编程，它已经成为一种非常流行的通用编程语言。在许多方面，Python 语言都非常宽容，这使它方便易用。你在本章后面将会看到，Python 管理数据的方式对编程新手来说非常直观。因此，在教授编程基础的语言中它非常流行。Python 使用变量来管理大数据集的独特方式，也使得它在日益增长的数据科学领域非常流行。数据科学家只需很少的代码就可以导入大量数据并对数据集进行操作。当然，在本章中我们将更深入地探讨 Python 的一些其他特性。

3.2　下载并安装 Python

首先，我们来讨论一下版本问题。本质上 Python 有两种版本：Python 2.7 和 Python 3 以上。在 Python 3 中，创建者 Guido van Rossum 决定清理代码，而不太考虑向后兼容性；因此，Python 2.7 的一些代码在 Python 3 中无法运行，反之亦然。Python 3 是新版本，最终一切都会向新版本迁移。事实上，现在大多数东西都已经迁移到了新版本。在机器人技术方面，最大的障碍是 OpenCV，一个开放源代码的计算机视觉函数库，我们将在第 9 章中使用它。还有一些应用还没有完全迁移，所以你需要弄清楚你想要做什么，以及你所需要的包是否已移植。我们将在项目中使用 Python 2.7，因为你在自己的研究中会发现许多示例还都是使用 Python 2.7 版本。

如果你使用的是 Ubuntu 或 Debian Linux 操作系统，比如树莓派，那么就什么都不用做。Python 工具已经安装好了，随时待用。大多数基于 Debian 的发行版都将 Python 作为基本镜像的一部分进行安装。

如果你是在 Windows 或其他操作系统中进行操作，则需要安装 Python。

1) 打开链接 www. python. org/about/gettingstarted/。

2) 点击 Download。

3) 如果你使用的是 Windows 操作系统，单击 Download Python 2. 7. 13。

4) 如果你使用的是其他操作系统，请从 Looking for Python with a different OS? 下的列表

中选择相应的操作系统。这会让你获取到合适的下载链接。

5）如果你想使用一个旧版本的 Python，你可以通过向下滚动页面找到合适的链接。

6）下载后，运行安装程序并按照屏幕上的说明进行操作。

3.3 Python 工具

有许多工具可以支持你的 Python 开发工作。像大多数编程语言一样，代码只是单纯的文本，可以用任何文本编辑器编写。你可以在 Windows 操作系统上使用记事本编写 Python 代码。虽然不推荐，但是你完全可以这么做。像 Notepad ++ 这样的应用程序能够根据文件扩展名识别 Python 脚本，然后相应地高亮显示代码。

你有很多选择。但是，在示例中，我们将使用每次安装 Python 时附带的工具：Python shell 和 Python 编辑器。

3.3.1 Python shell

Python shell 是 Python 解释器的界面。从技术上讲，如果你喜欢用命令行，你可以启动一个终端窗口，然后再调用 Python 解释器。不过，我们要使用的是随 Python 一起安装的 Python shell 界面，如图 3-1 所示。它提供了一个非常干净的界面，可以用于查看和执行命令。

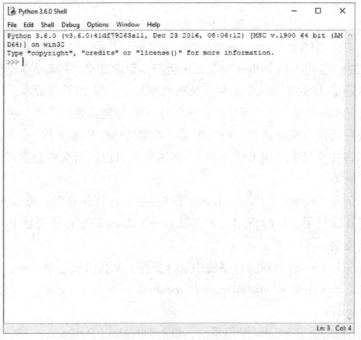

图 3-1　IDLE Python shell

打开 IDLE（Integrated Development and Learning Environment，集成开发和学习环境）时会自动启动 Python shell。本质上，它是 Python 解释器的窗口化界面。它提供了一些你在简单命令行中无法获得的功能：

- 简单的编辑功能，如查找、复制和粘贴。
- 语法高亮显示。
- 具有语法高亮功能的文本编辑器。
- 具有步进和断点功能的调试器。

由于在本书中我们会大量使用 IDLE 界面，所以最好认真地了解一下这个界面以及它提供的诸多工具。你可以从 IDLE 文档页面开始了解：https://docs.python.org/3/library/idle.html。

3.3.2　Python 编辑器

IDLE 还有另外非常重要的一面：文本编辑器。我们将在整本书中使用它来编写我们的程序和模块。文本编辑器是 IDLE 的另一面，而不是一个单独的程序，尽管它总是在一个单独的窗口中打开（见图 3-2）。你可以在任何文本编辑器中编写 Python 程序，有许多 IDE（Integrated Development Environment，集成开发环境）也支持 Python。但是，正如我在前面提到的，IDLE 界面具有诸多优点。

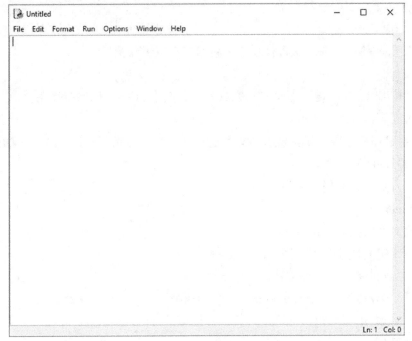

图 3-2　IDLE 文本编辑器

稍后你将了解到，格式在 Python 中非常重要。对于其他语言，如 C 和 Java，编译时会忽略空白字符。空格、制表符、新行和空行使代码更加易于阅读。然而，在 Python 中，使用缩进来表示代码块。IDLE 会为你管理所有这些内容。它会自动缩进你的代码，减少因不正确的缩进而出现语法错误的可能性。

还有一些工具可以帮助你编写代码。例如，当你输入时，IDLE 会显示一个适合你所编写代码的可能语句列表。有多种方法可以调用此功能。许多时候，它会在你打字时自动弹出。这通常发生在函数调用内部，此时只有有限的几种可能性。你也可以在打字时同时按住 Ctrl + 空格键强制调出。当你这样做时，会看到一个可供选择的语句列表。当你选择其中一个语句时，它会为你自动完成单词拼写，然后为你提供其他可用的选项，例如任何适当的参数。这些被称为**调用提示**。

调用提示显示可访问函数的预期值，并在输入函数名后的"（"时打开。它显示函数签名和文档注释的第一行内容。它将一直保持为打开状态，直到光标移到函数之外或输入"）"。

上下文高亮是通过颜色来实现的。当你输入代码时，一些单词会改变颜色。不同的颜色有不同的含义，这是一种快速、直观的方式，可以用来验证你是否出错。以这种方式高亮显示的上下文包括输出、错误、用户输出和 Python 关键字、内置类和函数名、class 和 def 后的名称、字符串以及注释。

我们实践一下，看看一些例子。

1）打开 IDLE。

2）单击 File→New File。这将打开一个新的文本编辑器窗口。

3）输入 pr。

4）同时按 Ctrl + 空格键。这将显示完成列表，其中 print 一词保持高亮。

5）输入（。

此时发生了好几件事。高亮显示的文本是 print，它还显示了 print 函数的调用提示。

6）输入" Hello World"。

7）输入）后，调用提示关闭。

8）按 Enter 键。

9）将此文件保存为 hello_world. py。

10）按 F5 键或从菜单中选择 Run→Run Module。

在 Python shell 窗口中，你应该看到以下内容：

```
RESTART: D:/Projects/The Robot Group/Workshops/Raspberry Pi
Robot/hello_world.py
Hello World
```

如果你看到了以上内容，那么说明你的代码没有问题。如果是收到某种错误，请返回并确保代码为以下内容：

```
print("Hello World")
```

哦，顺便说一句，你刚刚编写并运行了你的第一个 Python 程序。与其他语言相比，你会注意到 Python 的简洁性。通常，Python 操作的几行代码使用 C、C＋＋或 Java 来实现要多上好几行。

3.3.3 Python 之禅

Tim Peters 是 Python 的长期贡献者，他编写了 Python 开发背后的治理原则。我认为它实际上适用于所有的代码，以及我们在机器人领域所做的每一件事，也许在生活中也是如此。它们像复活节彩蛋一样藏在 Python IDE 中。

1）打开 IDLE。

2）输入 import this 并按 Enter 键。

3）现在应该显示如图 3-3 所示的文本。

图 3-3 Python 之禅

3.4 编写和运行 Python 程序

如果你按照书中内容跟着操作，那么你已经编写并运行了第一个 Python 程序。如果你没有跟上，别担心，我们现在会再做一次，但是会多一点编程。

3.4.1 Hello World

让我们添加一个简单的变量调用。我们将在不久的将来讨论变量。

1）打开 hello_world. py。

2）现在请打开 IDLE。

3）单击 File→New File。

4）将此文件保存为 hello_world. py。

现在我们在同一起跑线了。

5）让程序看起来像这样：

```
message = "Hello World"
print(message)
```

6）保存文件。

7）按 F5 键或从菜单中选择 Run→Run Module。

你将看到与之前相同的输出：

```
RESTART: D:/Projects/The Robot Group/Workshops/Raspberry Pi
Robot/hello_world.py
Hello World
```

我们在这里所做的只是将文本从函数 print 移到一个变量中，然后告诉 Python 输出该变量的内容。我很快会介绍变量。

3.4.2 基本结构

在开始研究程序细节之前，我们需要熟悉一下 Python 程序的结构。我们将了解程序的不同部分，如何使用缩进来格式化程序，以及如何使用注释添加有意义的上下文。

1. 程序部分

如你所见，Python 程序所需的部分不多。大多数编程语言至少需要创建某种主函数。对于 Arduino，它是函数 loop（）。在 C + + 中，它是 main（）。而 Python 没有主函数，它会在遍历文件时立即执行找到的任何命令。然而，这并不意味着它是完全线性的。我稍后会讨论函数和类，你现在只要知道解释器会扫描文件并构建出找到的所有函数和类，然后才会执行其他命令。这是 Python 易于学习的原因之一，它的框架并不像其他大多数语言那样严格。

对于编程语言纯粹主义者来说，Python 游走于脚本语言（所有内容都通过解释器执行）和编程语言之间。而有些代码会如 C 和 C + + 一样被编译成可执行文件。事实上，当我们开始构建模块时，就会发生这种情况。在本书中，我们通常是通过解释器来运行代码。

2. 缩进

随着讨论的深入，我们的程序会变得更加复杂。特别是我们将开始使用代码块，代码块是组合在一起的命令，可以在函数或循环中执行，或作为条件的一部分执行。这种结构对于编写高效的程序至关重要。

所有编程语言都有格式化的代码块的语法。基于 C 的语言，包括 Java，使用大括号"｛｝"来包含代码块。Python 没有这样做，它使用了缩进。相同缩进量的代码块表示它们是相关块。如果块中有一行没有正确缩进，将会产生一个错误。这正是我们使用 IDLE 的关键原因之一，它会自动管理缩进。这并不表示你作为用户不能修改程序，而只是意味着这类错误会大大减少。

随着讨论的继续进行，你将看到缩进的重要性。同时，你要知道这确实很重要。

最后，我想对缩进和编辑器做一个简单说明。不同的文本编辑器使用不同形式的缩进。一些使用制表符，而另一些使用 2 ~ 4 个空格。你无法知道到底用的是什么，因为它们都是不可见字符。当你从一个编辑器转到另一个编辑器时，这可能会带来很多困扰。更好的编辑器允许你选择制表键的工作方式（使用制表符或指定数量的空格，通常为 4 个空格）。默认情况下，IDLE 使用 4 个空格。

3. 注释

随着时间的推移，注释代码会变得越来越重要。不过有些程序员问题比较大，他们使用注释，但经常把注释写得含糊不清，或者是对程序的知识做出假设，而对于后来碰到这些代码的人来说，这些假设可能并不成立。如果他们能更好地处理其他形式的文档，这就不是什么问题了。但是，可惜，事实并非如此。

撇开这些抱怨不谈，注释确实非常重要，尤其是在学习阶段。所以，要养成使用注释的习惯。用它们来解释你在做什么，或者输入一些关于逻辑的小提示。

Python 中的注释是以#开头的任何行。Python 会忽略从#到行尾的所有内容，例如：

```
#创建一个变量来保存文本
message = "Hello World"


#输出变量中存储的文本
print(message)
```

在前面的代码中，我向 hello_world. py 程序中添加了两个注释行。我还添加了一个空行来增加代码的可读性。如果你保存并运行这个程序，你将得到和以前完全相同的输出。

也可以使用三引号（"""）来创建注释块。Python 编译器忽略两个三引号之间的任何代码。注释的开头和结尾都使用三引号。这允许你在多行上想写多少信息就写多少信息。这种表示法经常用于文件开头的标题块。

```
"""
Hello World
the simplest of all programs
By: Everyone who has written a program, ever
"""
```

在编写代码之前，简单地用注释概述代码是一个好习惯。在你开始编写之前，考虑一下需要你的代码做什么，以及你将如何去做。创建一个流程图，或者简单地写下实现目标的步骤。然后在编写任何实际代码之前，将其转换为文件中的一系列注释。这有助于你在头脑中构建问题，然后改善你的整体流程。对于你确定要重复的步骤，则很可能要用一个函数来实现。如果你发现你在引用一个结构化的概念（像机器人），并想融入特殊的属性和功能，那么应该使用类。稍后，我将更详细地讨论函数和类。

3.4.3 运行程序

如前所述，有好几种方法可以运行 Python 程序。

在 IDLE 界面中，你只需按下 F5 键。你需要确保文件已经保存，这是运行文件前的必要步骤。如果文件未保存，系统会提示你进行保存。从菜单栏选择 Run→Run Module，效果也一样。

如果你的系统已被正确配置为从命令行运行 Python，那么你也可以从那里执行程序。你需要导航至文件目录下，或者在调用时包含文件的完整路径。要从命令行执行 Python 脚本，请输入 Python，然后输入要运行的文件即可。

```
> python hello_world.py
> python c:\exercises\hello_world.py
> python exercises\hello_world.py
```

这三个命令都将运行我们的 Hello World 程序，尽管其中两个是操作系统相关的。第一个命令假定你正在从存储文件的目录中执行该文件。第二个命令在 Windows 操作系统中运行程序，假设它保存在 C:\驱动器根目录下的 exercises 文件夹中。第三个命令在 Linux 操作系统上运行程序，假设文件保存在主目录下的 exercises 文件夹中。

3.5 Python 编程

在接下来的几小节中，我们将在 Python shell 中直接输入命令。之后，我们又会回过头来编写程序文件。但是，就目前而言，我们所做的一切都可以在 shell 窗口中演示。

3.5.1　变量

变量本质上是一个存储信息的便利容器。在 Python 中，变量非常灵活，不需要声明类型，而类型通常在赋值时确定。事实上，我们是通过给变量赋值来声明变量类型的。当你开始接触数值变量时，一定要记住这一点。在 Python 中，1 和 1.0 之间是有区别的。第一个数字是整数，第二个数字是浮点数。这个我们稍后再谈。

以下是一些关于变量名的一般规则：
- 它们只能包含字母、数字和下划线。
- 它们区分大小写，例如，variable 与 Variable 是不同变量。以后你不注意可能会吃这种亏。
- 不要使用 Python 关键字。

除了这些硬性规定外，还有几点建议：
- 使用有意义的变量名，同时尽量简短。
- 谨慎使用小写字母 L 和大写字母 O。这些字符看起来非常类似于 1 和 0，这可能会导致混淆。我并不是说不要使用它们，只要你能确定自己在写什么就行。不过强烈建议不要将它们用作单字符变量名。

3.5.2　数据类型

Python 是一种动态类型语言。这意味着程序并不会在编译时检查存储在变量中的数据类型，而是在执行时进行检查。这允许你直到赋值时再指定类型。但是，Python 又是强类型的，如果尝试执行对该数据类型无效的操作，是不会成功的。例如，不能对字符串变量执行数学运算。因此，跟踪变量引用的数据类型非常重要。

我将讨论两种基本的数据类型：字符串和数值。然后我将讨论一些更复杂的类型：元组、列表和字典。Python 允许你使用类进行类型自定义。我将在本章末尾介绍类，因为我们还需要先介绍一些其他概念。

1. 字符串

字符串是由引号包裹的一个或多个字符的集合。引号是表示字符串的方式。例如，"100" 是一个字符串；而 100 是一个数值（更准确地说是一个整数）。你可以用双引号或单引号（只要记住你用了什么就行）。你可以将一种引号嵌套在另一种类型的引号中，但如果将引号交叉使用，则会报错，或者出现更糟糕的意外结果。

下面是一个双引号的例子：

```
>>>print("This is text")
This is text
```

下面是一个单引号的例子：

```
>>>print('This is text')
This is text
```

下面是一个双引号中嵌套单引号的例子：

```
>>>print("'This is text'")
'This is text'
```

下面是一个单引号中嵌套双引号的例子：

```
>>>print('"This is text"')
"This is text"
```

三引号被用来表示跨越多行的字符串。

下面是一个三引号的例子：

```
>>>print("""this
is
text""")
this
is
text
```

如果先转义单引号，则可以直接输出单引号。

转义字符仅仅表示告诉解释器将该字符视为字符串字符，而非功能字符。

下面是一个转义引号的示例：

```
>>>print('This won't work')
File "<stdin>", line 1
        print('this won't work')
                         ^
SyntaxError: invalid syntax

>>>print('This won\'t error')
This won't error
```

你可以通过将整个字符串设为原始字符串来进行整体转义。在下一个示例中，将使用"\n"进行换行。

下面是一个原始字符串的示例：

```
>>>print('something\new')
something
ew

>>>print(r'something\new')
something/new
```

2. 字符串操作

有很多方法可以操作字符串。有些方法相当简单，比如字符串拼接。不过，其中有些方法还是有点出人意料。字符串被视为字符值的列表。在本章后面，我们将更详细地研究列表。但是，我们将使用列表的一些特性来处理字符串。

因为字符串是列表，类似于其他语言中的数组，所以我们可以引用字符串中的特定字符。和列表一样，字符串是从零开始索引的。这意味着字符串的第一个字符位于零位。

和列表一样，字符串的第一个字符位于索引 [0]：

```
>>>robot = 'nomad'
>>>robot[0]
n
```

当使用负数时，索引从字符串的末尾开始反向运行。

```
>>>robot[-1]
t
```

对字符串进行切片可以提取子字符串。切片字符串时，需要提供两个用冒号分隔的数字。第一个数字是起始索引，第二个数字是结束索引。

```
>>>robot[0:3]
nom
```

注意，切片时第一个索引是包含的，第二个索引是排他的。在上面的示例中，索引 [0] 处的值返回"n"，而索引 [3] 处的值并不是返回"a"。

切片时如果只指定一个索引值，则会假定从字符串的起始处开始切分，或者是切分至字符串末尾。

```
>>>robot[:3]
nom
>>>robot[3:]
ad
```

字符串相加被称为拼接。在 Python 中，很容易进行字符串拼接操作。这适用于字符串常量和字符串变量，也可以将字符串相乘以获得有趣的效果。

你可以把两个字符串直接相加。

```
>>>print("Ro" + "bot")
Robot
```

可以将字符串变量相加，如下所示：

```
>>>x = "Ro"
>>>y = "bot"
>>>z = x + y
>>>print(z)
Robot
```

可以将字符串变量和常量相加。

```
>>>print(x + "bot")
Robot
```

可以对字符串常量作乘法。

```
>>>print(2 * "ro" + "bot")
rorobot
```

但是，字符串的乘法只对常量有效，而对字符串变量无效。

我建议你花点时间研究一下字符串操作的这些方法，以及其他方法。更多详细信息，请访问 https://docs. python. org/3/tutorial/introduction. html # strings 和 https://docs. python. org/3. 1/library/stdtypes. html#string-methods。

3. 数值

Python 中的数值有多种类型，其中最常见的是整型和浮点型。整型是整数，而浮点型是小数。Python 还使用值为 1 或 0 的布尔型，它们经常被用作标志或状态，其中 1 表示"开"，0 表示"关"。布尔型是整型的子类，在执行运算时会被视为整数。

如你所料，你可以对数值类型执行数学运算。通常，如果对一种类型执行算术运算，结果就是该类型。使用整数进行数学运算通常会得到一个整数。但是，如果对整数执行除法，则结果是一个浮点数。使用浮点数进行运算的结果是浮点数。如果对整型和浮点型两种类型执行算术运算，则结果是浮点型。

两个整数相加得到一个整数。

```
>>>2+3
5
```

两个浮点数相加得到一个浮点数。

```
>>>0.2+0.3
0.5
```

一个整数和一个浮点数相加得到一个浮点数。

```
>>>1+0.5
1.5
```

减法和乘法的工作原理是一样的。

```
>>>3-2
1

>>>3-1.5
1.5

>>>2*3
6

>>>2*0.8
1.6
```

除法总是产生浮点数。

```
>>>3.2/2
1.6

>>>3/2
1.5
```

下面的 ＊＊ 运算符表示幂运算，第一个数为底数，第二个数为指数。

```
>>>3**2
9
```

但是，Python 中的浮点数有一个问题。解释器有时会产生一个看似随机的小数位。这与如何在 Python 中存储浮点数以及如何在解释器中进行数学运算有关。

```
>>>0.2+0.1
0.30000000000000004
```

有关此异常的详细信息，请访问 https://docs. python. org/3/tutorial/floatingpoint. html。

4. 列表

列表是多个项的有序集合。在其他编程语言中，它们通常被称为数组。你可以把你想要的任何东西都放在列表里。存储在列表中的值的数据类型可以不同。但是，如果在一个列表中存储了多种数据类型，那么在使用它时要确保知道正在获取的是哪种类型。

当你处理字符串时，它本质上是一个字符列表。因此，索引和切片也适用于列表。

列表是使用中括号 "［ ］" 创建的。

```
>>> robots = ["nomad","Ponginator","Alfred"]
>>> robots
['nomad', 'Ponginator', 'Alfred']
```

和字符串一样，列表是从零开始索引的。这意味着列表中的第一个元素位于位置 0，第二个元素位于位置 1，依此类推。你可以通过指定列表中的索引或位置，访问列表中的各个元素。

```
>>>robots[0]
'nomad'

>>>robots[-1]
'Alfred'
```

列表也可以切片。当一个列表被切片时，结果是一个新列表，它包含了原始列表的子集。

```
>>>robots[1:3]
['Ponginator','Alfred']
```

使用切片和拼接可以很容易地添加、更改和删除列表中的成员。

此示例向列表添加成员：

```
>>>more_bots = robots+['Roomba','Neato','InMoov']
>>>more_bots
['nomad', 'Ponginator', 'Alfred', 'Roomba', 'Neato', 'InMoov']
```

此示例修改列表中的成员：

```
>>>more_bots[3] = 'ASIMO'
>>>more_bots
['nomad', 'Ponginator', 'Alfred', 'ASIMO', 'Neato', 'InMoov']
```

此示例删除列表中的成员：

```
>>>more_bots[3:5] = []
>>>more_bots
['nomad', 'Ponginator', 'Alfred', 'InMoov']
```

此示例将列表成员赋值给变量：

```
>>>a,b = more_bots[0:2]
>>>a
'nomad'
>>>b
'Ponginator'
```

列表自动包含了许多方法。例如，可以让名称的第一个字母强制大写。

```
>>> print(robots[0].title())
```

Nomad

如前所述，列表可以包含任何类型的数据，甚至包括其他列表。事实上，当我们开始使用计算机视觉时，会经常使用列表的列表来保存图像数据。

在 Python 中列表非常强大，也非常重要。可以访问 https://docs. python. org/3/tutorial/introduction. html#lists，然后多花点时间研究一下列表。

5. 元组

在使用 Python 时，你会经常听到元组这个术语。元组其实是一种内容无法更改的特殊列表，可以把元组想象成一个常量列表。声明元组使用小括号，而不是中括号。

元组是不可变的，这意味着一旦创建了元组，就不能更改它。要更改元组的内容，必须创建一个新的元组。在实现过程中使用的切片技术与字符串和列表中用到的切片技术完全相同。

```
>>> colors = ("red","yellow","blue")
>>> colors
('red', 'yellow', 'blue')
>>>colors2 = colors[0:2]
>>>colors2
('red','yellow')
```

注意，我们在切片元组时使用了列表表示法 colors［0:2］，而非 colors（0:2）。切片的结果仍然是元组。

但是，元组可以被整体替换。
```
>>>colors2 = (1,2,3)
>>>colors2
(1,2,3)
```
也可以用空元组来替换它们。
```
>>>colors2 = ()
>>>colors2
()
```

6. 字典

字典与列表类似，只是它允许你为列表中的项命名，这是使用键值对来完成的，键是值的索引。这允许你向列表中添加一些有意义的结构，在保存一系列参数或属性时它们非常有用。

声明字典时使用大括号，而非中括号。
```
>>> Nomad = {'type':'rover','color':'black','processor':'Jetson
TX1'}
>>> print(Nomad['type'])
Rover
```
使用字典与处理数组的方式大致相同。区别在于不用提供索引号，而是提供访问元素的键。

在使用字典之前，有几件事要知道一下。

1）键的取值必须是不可变的值，例如数字或字符串。元组也可以用作键。

2）在字典中不能重复定义键。和变量一样，键的值取决于最后一次赋值。
```
>>>BARB = {'type':'test-bed','color':'black','type':'wheeled'}
>>>BARB
{'color':'black','type':'wheeled'}
```
3）在本例中，第一个"type"的值被第二个"type"的值覆盖。

4）字典可以嵌套为其他字典中的值。在下面的示例中，我将当前机器人项目的描述 Nomad 嵌入到 myRobots 字典中。

```
>>>myRobots = {'BARB':'BARB','Nomad':'Nomad','Llamabot':'WIP'}
>>>myRobots
{'BARB': {'color':'black','type':'wheeled'},'Nomad': {'type':'rover','color':'
black','processor':'Jetson TX1'},'Llamabot':'WIP'}
```

当然，如果你不能更新和操作字典中包含的值，那么它就不那么有用了。更改字典和更改列表类似。唯一真正的区别是使用键而不是位置来访问各种元素。

如果要更新值，请使用键来引用要更改的值。

```
>>>myRobots['Llamabot'] = 'Getting to it'
>>>myRobots
{'BARB': {'color':'black','type':'wheeled'},'Nomad': {'type':'rover','color':'
black','processor':'Jetson TX1'},'Llamabot':'Getting to it'}
```

可以使用 del 语句删除键值对。

```
>>>del myRobots['Llamabot']
>>>myRobots
{'BARB': {'color':'black','type':'wheeled'},'Nomad': {'type':'rover','color':'
black','processor':'Jetson TX1'}}
```

可以使用字典类的 copy 方法复制字典。要访问 copy 方法，只要在字典名称后添加 .copy () 即可。

```
>>>workingRobots = myRobots.copy()
>>>workingRobots
{'BARB': {'color':'black','type':'wheeled'},'Nomad': {'type':'rover','color':'
black','processor':'Jetson TX1'}}
```

要把字典附加到另一个字典末尾，请使用 update 方法。

```
>>>otherRobots = {'Rasbot-pi':'Pi-bot from
book','spiderbot':'broken'}
>>>myRobots.update(otherRobots)
>>>myRobots
{'BARB': {'color':'black','type':'wheeled'},'Nomad':
{'type':'rover','color':'black','processor':'Jetson TX1'},'Rasbot-pi':'Pi-bot from
book','spiderbot':'broken'}
```

7. none 类型

在处理从其他源导入的类和对象时，有一种特殊的数据类型非常重要——none 类型，它是一个空占位符。当我们要声明一个对象但稍后再对它进行定义时，就使用 none 类型，它还用于清空对象。在本章后面讨论类时，你将会在实战中看到如何使用 none 类型。现在，你只要知道 none 类型的存在，它本质上是一个空占位符，这就行了。

3.5.3　关于变量的最后一个提示

在学习本节的示例时，你使用的是变量。请注意，不管你给变量提供什么值，变量都会接受，并愉快地返回你赋的值。如果将列表赋给变量，它会返回由中括号包裹的列表。元组、字典、字符串和数值等类型也是如此。你赋什么值就会得到什么值。当我们将一个字典嵌套到另一个字典中时，可以看到这一点。只要将字典名称添加到另一个字典的定义中，就可以将其所有值嵌入到新字典中。

我为什么要指出这一点呢？

在本书的后面，当我们开始使用函数和类时，你将会为变量分配复杂的数据结构。重要的是要知道，赋给变量的值就是变量包含的内容，并且可以应用任何适合该数据类型的方法或函数。

```
>>> robots = ["nomad","Ponginator","Alfred"]
>>> robots
['nomad', 'Ponginator', 'Alfred']
>>> myRobot = robots[0]
>>> myRobot
'nomad'
>>> myRobot.capitalize()
'Nomad'
```

我们在字符串变量 myRobot 上使用了 String 类的方法。方法是我们赋予类的功能。由于数据类型属于内置类，所以我们可以在变量上使用该类的方法。在本章末尾，当我们开始使用类时，我将更详细地讨论方法。

3.5.4　控制结构

在本节中，我们将探讨如何在代码中添加结构。你可能并不满足于单步执行程序、一行一行执行代码，而是希望可以获得更多的控制权。这些控制结构允许你仅在特定条件成立时才执行代码，或者是多次执行某个代码块。

在大多数情况下，引导你了解这些概念要比试图描述它们要容易得多。

1. if 语句

if 语句允许你在执行代码块之前测试条件。条件可以是计算结果为 true 或 false 的任意值或表达式。

下一段代码循环遍历 robots 列表并检查 robot 是否为 Nomad。

```
>>> for robot in robots:
        if robot=="Nomad":
                print("This is Nomad")
        else:
                print(robot + " is not Nomad")
```

```
This is Nomad
Ponginator is not Nomad
Alfred is not Nomad
```

再次提醒一下，请在输入时注意缩进。IDLE 会在以冒号结尾的代码行后面缩进另一个级别，也就是表示新块的那些行，例如循环语句和条件语句。

同样重要的是，还要注意我们是如何测试相等的。一个等号表示赋值，双等号则是告诉解释器要比较是否相等。

```
>>> myRobot = "Nomad"
>>> myRobot == "Ponginator"
False
>>> myRobot == "Nomad"
True
```

下面是一个比较运算符的列表，见表 3-1。

表 3-1　比较运算符

相等	==
不等	! =
小于	<
大于	>
小于或等于	< =
大于或等于	> =

还可以使用 and 和 or 来测试多重条件。

```
>>> for robot in robots:
        if robot == "Ponginator" or robot == "Alfred":
                print("These aren't the droids I'm looking for.")
```

```
These aren't the droids I'm looking for.
These aren't the droids I'm looking for.
```

比较还经常用于确定对象是否存在或是否包含值。实际上，如果条件的计算结果不为 false、0 或 none，则该条件的计算结果为 true。如果只想在对象存在时才执行一段代码，这样做就非常方便，比如当你想要初始化传感器或初始化串口或网络连接的时候。

2. 循环

机器人编程时，有时需要重复一段代码。无论是要对一组对象集合执行系列指令，还是在某个条件存在时一直执行某个代码块，这都需要使用循环。

循环允许你重复一段代码，以多次执行同一任务。循环有两种类型：for 循环和 while 循环。每种都具有其特定的功能，这些功能对于编写高效的程序至关重要。

（1）for 循环　for 循环为列表中的每个元素都执行一次代码块。像元组、列表或字典这样的一组值被提供给 for 循环，然后遍历每个元素，并执行代码块中包含的代码。当集合中的元素遍历完之后，退出循环，然后执行 for 循环外的下一行代码。

和 if 语句一样，将要运行的代码作为循环的一部分，放在缩进表示的块中。务必要确保缩进正确，否则会出现错误。

当你在 Python shell 中输入代码时，请注意它是如何缩进的。

输入 print 命令并按 Enter 键之后，需要再按一次 Enter 键，这样 shell 才知道你完成了输入。

```
>>> for robot in robots:
        print(robot)

Nomad
Ponginator
Alfred
```

程序进入列表 robots 并提取第一个值——Nomad，然后将其输出出来。由于这是块中的最后一行，解释器将返回到列表并提取下一个值。重复此操作，直到列表中没有其他值为止。此时，程序退出循环。

我倾向于用复数形式来表示我的列表名称，这允许我使用单数形式的名称来引用循环列表中的项。例如，元组 Robots 中的每个元素都是一个 robot。

如果要循环遍历字典中的元素，则需要提供两个变量来存储各个元素。你还需要使用 dictionary 类的 items 方法，这允许你依次访问每个键值对。

```
>>>for name,data in Nomad.items():
        print(name + ': ' + data)

color: black
type: wheeled
```

可以使用函数 enumerate 向 for 循环的输出添加连续的数值。

```
>>>for num,robot in enumerate(robots):
        print(num,robot)

(0, 'Nomad')
(1, 'Ponginator')
(2, 'Alfred')
```

（2）while 循环　for 循环会为列表中的每个元素执行一次代码块，而对于 while 循环，只要其条件的计算结果为 true，则一直执行代码块。它通常用于执行特定次数的代码或在系统处于特定状态时执行代码。

要让代码循环执行特定次数，可以使用变量来保存一个整数值。在下面的示例中，我们告诉程序，只要 count 变量的值小于 5，就运行代码。

```
>>> count = 1
>>> while count < 5:
        print(count)
        count = count+1

1
2
3
4
```

我们首先声明一个变量 count 来保存我们的整数，然后给它赋值 1。进入循环，值 1 小于 5，因此代码将值输出到控制台，然后将 count 的值增加 1。因为这是循环中的最后一条语句，并且 while 条件的上一次计算值小于 5，所以代码返回 while 子句。count 的值现在是 2，仍然小于 5，因此代码再次执行。这个过程重复执行，直到 count 的值为 5。5 不小于 5，因此解释器退出循环，不再执行块中的代码。

如果我们忘记增加变量 count 的值，就会形成一个无限循环。因为 count 的值等于 1，而且我们从不递增，所以 count 的值总是等于 1。1 小于 5，所以代码永远不会停止执行，我们需要按 Ctrl + C 键才能结束它。

while 循环也可以作为一种主循环，用于连续执行代码。

在许多程序中可以看到以下内容：

```
while(true):
```

true 的计算结果始终为 true，因此，此块中的代码将一直执行，直到程序退出。这被称为无限循环，因为循环里没有结束条件。幸运的是，有一种退出无限循环的方便方法。如果你发现自己正在运行一个无限循环，或者想随时退出一个程序，按 Ctrl + C 键，这会立即退出程序。这个操作很常用。

这种技术也可以用来让程序等待特定条件的出现。例如，如果在继续之前需要存在可用的串口连接，需要先执行启动连接命令。然后，等待连接完成，再继续使用以下方法：

```
while(!connected):
        pass
```

感叹号表示非运算。因此，在本例中，假设变量 connected 在串口连接建立时会计算为 true，我们告诉程序，只要未连接，就执行 while 循环所包含的代码。

在本例中，我们让程序执行的代码称为 pass，这是一个空命令。当你实际上什么都不想做，但又需要放上一行代码在那的时候，就用它。即告诉这个系统："当没有连接时，不要做任何事情，直到连接上为止。"

3.5.5 函数

函数是预定义的代码块，我们可以从程序中调用它们来执行任务。在本章中，我们一直在使用函数 print（）。print（）命令是 Python 中的一个内置函数。Python 中有许多预定义函数，还可以通过模块来添加更多的函数。有关可用函数的更多信息，请访问 Python 标准库：https：//docs. python. org/3/library/index. html。

很多时候你会想创建自己的函数。函数的用途很多。

通常，你使用函数来包含在整个程序中要执行的代码。每当你发现自己在代码中重复相同的一组操作时，你就很可能需要定义一个函数。

函数也被广泛用来保持代码整洁，它们可以将一大段冗长的代码转移到主程序之外的其他地方，这可以使代码更易于阅读。例如，可以将机器人的动作定义为函数。当主代码满足一定条件时，只需调用相应的函数即可。比较以下两个伪代码块：

①while(true):
```
    if command==turnLeft:
/*
一大段左转指令
*/
    if command==turnRight:
/*
一大段右转指令
 */
    /* etc. */
```

②while(true):
```
    if command==turnLeft:
            turnLeft()
    if command==turnRight:
            turnRight()
    /* etc. */
```
在第一个块中，移动机器人的代码包含在 if 语句中。如果左转需要 30 行代码（这不太可能，但请容我这么举例），你的主代码将多出 30 行代码。如果右转需要相同数量的代码，那么又会多出另外 30 行代码，如果你要查找某一行代码，你必须每行都查找一遍。这将变得很乏味。

在第二个块中，用于转弯的代码被移到一个单独的函数中。这个函数是在程序的其他地方定义的，或者当我们后面讨论到库和模块时，你将了解到，它也可以存在于另一个文件中。这使得代码的读写都变得更加容易。

1. 定义函数

要定义自己的函数，需要创建函数名和要执行的操作所对应的代码块。函数定义以 def 关键字开头，后跟函数名、圆括号和冒号。

下面我们创建一个简单的函数：

```
>>> def hello_world():
        message = "Hello World"
        print(message)

>>> hello_world()
Hello World
```

在这段代码中，我们创建了一个简单的函数，它只输出一条消息"Hello World"。现在，当我们之后想输出消息时，只需要调用该函数即可。

```
>>> hello_world()
Hello World
```

为了让事情更加有趣，我们可以向函数提供要使用的数据，这些数据称为参数。

2. 传递参数

我们经常会想要向函数提供一些信息让它处理。为了提供这些信息，我们要给函数创建一个或多个变量来存储它们，这些变量称为参数。

我们新建一个用来欢迎用户的函数。

```
>>> def hello_user(first_name, last_name):
        print("Hello " + first_name + " " + last_name + "!")

>>> hello_user("Jeff","Cicolani")
Hello Jeff Cicolani!
```

在这里，我们创建了一个名为 hello_user 的新函数。我们告诉它期望接收到用户的名和姓这两条信息。函数定义中的变量名用于存储我们将要使用的数据。函数只需使用我们提供的两个参数就能把问候语输出出来。

3. 默认值

只需在声明函数时指定一个值，就可以为参数创建默认值。

```
>>> def favorite_thing(favorite = "robotics"):
        print("My favorite thing in the world is "+ favorite)

>>> favorite_thing("pie")
My favorite thing in the world is pie
>>> favorite_thing()
My favorite thing in the world is robotics
```

请注意,第二次调用函数时,我们没有提供任何值。所以,函数只是使用我们在创建函数时指定的默认值。

4. 返回值

有时我们不只是想让函数自己做一些事情,我们还希望它能给我们返回一个值。这有助于将常见的计算转移到函数中,或者是让函数验证它是否正确运行。许多内置函数和来自外部库的函数在函数成功运行时返回 1,失败时则返回 0。

要返回值,只需要使用关键字 return,后跟要返回的值或变量。请记住,return 会退出函数,并将值提供给调用函数的那个代码行。所以,确保在 return 语句之后不要做任何事情。

```
>>> def how_many(list_of_things):
        count = len(list_of_things)
        return count
>>> how_many(robots)
3
```

return 语句可以返回多个值。如果要返回多个值,请用逗号将每个值隔开。以下函数将多个值放入到元组中,该元组可由调用代码正确解析。

```
>>> def how_many(list_of_things):
        count = len(list_of_things)
        return count, 1

>>> (x, y) = how_many(robots)
>>> x
3
>>> y
1
```

3.5.6 通过模块添加功能

模块本质上是一个文件中的函数集合,可以在程序中引入。有无数的模块可以让你的编程更加轻松。标准 Python 安装中就包含了许多模块，其他的模块可以从不同的开发者那里下载。如果找不到想要的内容，还可以创建自定义模块。

1. 导入和使用模块

导入模块很容易。如你所见，只需使用关键字 import，后跟模块的名称。这将加载该模块的所有函数供你使用。现在，要使用模块中的一个函数，你需要先输入模块名，然后紧接着输入函数名，中间用“.”连接。

```
>>> import math
>>> math.sqrt(9)
3.0
```

有些程序包非常大，你可能不想全部导入。如果知道程序中需要的特定函数，那么可以只导入模块的一部分。

以下代码将从模块 math 中导入函数 sqrt。如果只导入函数，则不需要在函数前面加上模块名。

```
>>> from math import sqrt
>>> sqrt(9)
3.0
```

最后，可以为导入的模块和函数起一个别名。当你导入的模块名称特别长时，起一个别名将非常方便。示例如下：

```
>>> import math as m
>>> m.sqrt(9)
3.0
>>> from math import sqrt as s
>>> s(9)
3.0
```

2. 内置模块

核心 Python 库为基本程序提供了大量功能。然而，还有很多功能是由其他开发人员和研究人员编写的。但是在我们进入第三方模块的“奇妙世界”之前，让我们先看看 Python 自带的东西有哪些。

打开 IDLE 实例，然后输入以下内容：

```
>>> import sys
>>> sys.builtin_module_names
```

你应该得到如下所示的输出：

```
('_ast', '_bisect', '_codecs', '_codecs_cn', '_codecs_hk',
 '_codecs_iso2022', '_codecs_jp', '_codecs_kr', '_codecs_tw',
 '_collections', '_csv', '_datetime', '_functools', '_heapq',
 '_imp', '_io', '_json', '_locale', '_lsprof', '_md5',
 '_multibytecodec', '_opcode', '_operator', '_pickle',
 '_random', '_sha1', '_sha256', '_sha512', '_signal', '_sre',
 '_stat', '_string', '_struct', '_symtable', '_thread',
 '_tracemalloc', '_warnings', '_weakref', '_winapi', 'array',
 'atexit', 'audioop', 'binascii', 'builtins', 'cmath', 'errno',
 'faulthandler', 'gc', 'itertools', 'marshal', 'math', 'mmap',
 'msvcrt', 'nt', 'parser', 'sys', 'time', 'winreg', 'xxsubtype',
 'zipimport', 'zlib')
```

这是内置在 Python 中的模块列表，随时都可以使用这些模块。

要获取有关模块的更多信息，可以使用函数 help（）。它列出了当前安装并注册到 Python的所有模块（请注意，我必须截短列表以便显示）。

```
>>> help('modules')

Please wait a moment while I gather a list of all available
modules...

AutoComplete          _random       errno          pyexpat
AutoCompleteWindow    _sha1         faulthandler   pylab
AutoExpand            _sha256       filecmp        pyparsing
Bindings              _sha512       fileinput      pytz
CallTipWindow         _signal       fnmatch        queue
...
Enter any module name to get more help.  Or, type "modules
spam" to search
for modules whose name or summary contain the string "spam".
```

还可以使用函数 help（）获取特定模块的有关信息。但首先，你需要导入模块。同样，为了简洁起见，下面只截取显示了部分列表。

```
>>> import math
>>> help(math)
Help on built-in module math:
```

```
NAME
    math

DESCRIPTION
    This module is always available.  It provides access to the
    mathematical functions defined by the C standard.

FUNCTIONS
    acos(...)
        acos(x)

        Return the arc cosine (measured in radians) of x.
...
FILE
    (built-in)
```

你可以在 Python 文档网站上了解更多关于这些内置模块的信息：https://
docs. python. org/3/py–modindex. html。

3. 扩展模块

除了每次安装 Python 都会得到的内置模块外，还有无数称为包（package）的扩展可以
添加。幸运的是，Python 的优秀开发人员提供了一种学习第三方软件包的好方法。访问 ht-
tps：//pypi. python. org/pypi 了解更多信息。

一旦找到了你想要的或者需要为应用程序安装的包，最简单的方法就是使用 PIP 进行安
装。无论是 Python 2. 7. 9 还是 Python 3. 4，PIP 二进制文件都包含在下载文件中。但是，由
于包是不断更新的，你可能需要对它进行升级。如果所有安装和配置都正确，你应该能够从
命令行执行此操作。

1）打开终端窗口。

2）在 Windows 操作系统中，输入

python -m pip install -U pip

3）在 Linux 或 macOS 操作系统中，输入

pip install -U pip

完成后，就可以马上使用 PIP 了。请记住，你要从终端运行 PIP，而不是在 Python shell
中运行 PIP。

为了演示，我们将会安装一个用于绘制数学公式的包。matplotlib 是一个非常流行的
Python数据可视化包。此包的实际使用不在本次探讨的范围之内，有关 matplotlib 使用的更
多信息，请访问网站 https://matplotlib. org。

要安装新软件包，请输入

```
pip install matplotlib
```

这样就安装了 matplotlib 库供你使用。

4. 自定义模块

如果你有几个频繁使用的函数（通常称为助手函数），可以将它们保存在名为 myHelper-erFunctions. py 的文件中，然后就可以通过 import 命令让这些函数在其他程序中也能使用。

一般来说，自定义模块文件保存在要导入的程序所在的目录下。这是确保编译器能够找到模块文件的最简单也是最好的方法。可以将文件保存到其他位置，但是你需要在导入时指定文件的完整路径，或者是更改系统变量 path。现在，将你创建的所有模块文件都保存在你的工作目录下（和你正在编写的程序在相同位置），这有助于你避免一些额外的烦恼。

到目前为止，我们一直使用的都是 IDLE shell。我们现在会创建一个自定义模块文件，然后将其导入到另一个程序中。

1）打开 IDLE。

2）单击 File ▶ New File，这将打开一个新的文本编辑器窗口。

3）在新文件窗口中，单击 File▶save，并命名为 myHelperFunctions. py。

4）输入以下代码：

```
def hello_helper():
        print("I'm helper. I help.")
```

5）保存文件。

6）单击 File▶New File，新建一个代码文件。

7）输入以下内容：

```
import myHelperFunctions
myHelperFunctions.hello_helper()
```

8）将文件保存为 hello_helper. py，和 myHelperFunctions. py 保存在同一目录下。

9）按 F5 键或从菜单中选择 Run▶Run Module。

在 shell 窗口中，你应该看到以下内容：

```
I'm helper. I help.
```

3.5.7 类

现在我们来看一个好东西——类。类是代码中物理或抽象实体的逻辑表示，例如一个 robot 类。robot 类创建了一个框架，该框架向程序提供一个物理机器人的描述。如何描述完全取决于你，但它会在构建类时体现出来。这种表示是抽象的，就像用 robot（机器人）这个词表示机器人概念一样。如果我们站在一个满是机器人的房间里，我说"把机器人递给我"，你的回答很可能是"哪个机器人?"。这是因为机器人这个词适用于房间里的每一个机器人。但是，如果我说"把 Nomad 递给我"，你就会知道我说的具体是哪个机器人。Nomad

就是 robot 的一个实例。

这就是类的用法。首先是定义类，这需要构造出实体的抽象表示，在本例中是一个机器人。当你想要描述一个特定的机器人时，你需要创建一个类的实例，并将其应用于该机器人。

关于类有很多东西需要学习，但以下这些是你需要知道的关键事项：

• 类由称为方法的函数组成。方法是类中执行某种工作的函数。例如，robot 类中可能有一个方法叫作 drive_forward（）。在这个方法中，可以添加代码让机器人向前行驶。

• 所有方法都会有 self 参数，该参数是对类的实例的引用。

• self 始终是方法的第一个参数。

• 每个类都必须有一个特殊的 __ init __ 方法。__ init __ 方法在创建实例时被调用，用于对类的实例进行初始化。在这个方法中，你可以执行任何操作，以实现类的各种功能。通常，会在这个方法里为类定义各种属性。

• 类的属性是类中用于描述某些特征的变量。例如，在 robot 类中，我们需要命名一些功能性属性，比如方向和速度。它们都是在 __ init __ 方法中创建的。

方法有好几种类型：

• 修改器（Mutator）方法：这些方法更改类内部的值。例如，setter 是一种设置属性值的修改器方法。

• 访问器（Accessor）方法：这些方法读取类内部的属性。

• 助手（Helper）方法：包括在类中执行工作的所有方法。例如，必需的 __ init __ 方法是一种称为构造函数的助手方法。助手方法是在类中执行工作的任何东西，通常它们都是为其他方法作准备的。例如，在输出之前用于格式化字符串的方法就是助手方法。

1. 创建类

在你深入研究并开始编写代码之前，我建议你花一点时间来计划要构建的内容。并不需要一个详尽的计划，把每一个细节都想得清清楚楚。但在构建之前，至少要对构建的内容有一个大致的提纲。

（1）**计划**　最简单的方法是在一张纸上做计划，但是如果你喜欢电子版的，用你最喜欢的文本编辑器也可以。做一个列表或者是列出类的提纲。我们的示例类是用于模拟轮式机器人的，因此我们希望先列出描述机器人的属性，然后再列出机器人要执行的操作，也就是我们要实现的方法。

初始示例 Robot 类

• 属性
  ■ 名称
  ■ 描述
  ■ 主色

- ■ 主人
- 方法
  - ■ 前进
  - ■ 后退
  - ■ 左转
  - ■ 右转

在你写提纲的时候，想象一下如何使用每一种方法。你会需要哪些信息？它会返回什么信息？如果你的方法需要参数形式的信息，是否需要有默认值？如果有默认值，你是否又会保留以编程方式更改默认值的能力？根据我的经验，最后一个问题的答案几乎总是肯定的。

所以，考虑到这些问题后，让我们再完善一下提纲。

初始示例 Robot 类

- 属性
  - ■ 名称
  - ■ 描述
  - ■ 主色
  - ■ 主人
  - ■ 默认速度（默认值：125）
  - ■ 默认持续时间（默认值：100）
- 方法
  - ■ 前进（参数：速度）（返回值：无）
  - ■ 后退（参数：速度）（返回值：无）
  - ■ 左转（参数：持续时间）（返回值：无）
  - ■ 右转（参数：持续时间）（返回值：无）
  - ■ 设置速度（参数：新的速度）（返回值：无）
  - ■ 设置持续时间（参数：新的持续时间）（返回值：无）

如你所见，在完善提纲之后，我们添加了一些新属性和一些新方法。默认速度为 0～255 之间的整数值。在后面内容中，我们会用这个值来设置电动机控制器的速度。半速对应值 125。默认持续时间是机器人移动的毫秒数，值 100 表示 0.1s。我们还添加了两个方法来设置这两个属性的值。

在大多数编程语言中，属性是私有的，这意味着它们只能从类内部进行访问。因此，你可以创建方法 get（）和 set（）来查看和更改属性值。而在 Python 中，属性是公共的，可以通过"类．属性"进行调用。Python 中属性不能设置为私有属性，但是，Python 的做法是在想要设为私有的属性前面加下划线，告知其他开发人员应将其视为私有属性，不要通过类外部的方法对其进行修改。

因此，严格来说，并不需要设置速度和设置持续时间的方法。如果我们想表明这些属性是私有的，且只应该用类内方法更新，那么我们只要在属性名前面加上下划线即可，如下所示：

_speed

_duration

可以在代码中的任意位置创建类。类之所以如此有用，是因为它们封装了各种功能，并允许你轻松地将其从一个项目移植到下一个项目。因此，通常最好是创建一个类，将其单独作为一个模块，然后再将其导入到代码中使用。这就是我们下面要做的。

我们现在构建一个 Robot 类，然后使用它。

1）创建一个新的 Python 文件并将其保存为 robot_sample_class. py。

我们先声明类，然后创建必需的构造函数 __ init __。现在，我们只需要 __ init __ 方法对属性初始化，并将值从参数传递给属性。注意，我们已经分别声明了 speed 和 duration 的默认值分别为 125 和 100。

2）输入以下代码：

```python
class Robot():
    """
    一个简单的机器人类
    使用多行注释描述类的作用
    """

    # 定义初始化函数
    # speed = 取值在 0 ~ 255 之间
    # duration = 毫秒数
    def __init__(self, name, desc, color, owner,
                speed = 125, duration = 100):
            # 初始化我们的机器人
        self.name = name
        self.desc = desc
        self.color = color
        self.owner = owner
        self.speed = speed
        self.duration = duration
```

初始化完成后，让我们看看如何编写方法。如前所述，方法只是类中包含的函数，以用于执行某种工作。因为现在没有可控制的机器人，所以我们只是将确认消息输出到 shell，以此来模拟我们的机器人。

```python
def drive_forward(self):
    # 模拟前进
    print(self.name.title() + " is driving" +
            " forward " + str(self.duration) +
            " milliseconds")

def drive_backward(self):
    # 模拟后退
    print(self.name.title() + " is driving" +
            " backward " + str(self.duration) +
            " milliseconds")

def turn_left(self):
    # 模拟左转
    print(self.name.title() + " is turning " +
            " right " + str(self.duration) +
            " milliseconds")

def turn_right(self):
    # 模拟右转
    print(self.name.title() + " is turning " +
            " left " + str(self.duration) +
            " milliseconds")

def set_speed(self, speed):
    # 设置电动机转速
    self.speed = speed

    print("the motor speed is now " +
            str(self.speed))

def set_duration(self, duration):
    # 设置行驶持续时间
    self. duration = duration
    print("the duration is now " +
            str(self. duration))
```

3）保存文件。现在我们已经创建了新的 Robot 类，我们来用它将 Nomad 定义为一个 Robot。

4）创建一个新的 Python 文件并将其保存为 robot _ sample. py。我们首先导入 robot_sample_class代码，然后使用它创建一个名为 Nomad 的新机器人。

5）输入以下代码：

```
import robot_sample_class
my_robot = Robot("Nomad", "Autonomous rover",
        black", "Jeff Cicolani")
```

使用类定义来创建类的新实例称为实例化。注意，我们没有提供最后两个参数（speed 和 duration）的值。因为我们为这些参数提供了默认值，所以在实例化期间不需要提供值。如果没有提供默认值，那么在尝试运行代码时就会出错。

对于我们的新机器人实例，我们现在来让它做点事情。

```
print("My robot is a " + my_robot.desc + " called " +
my_robot.name)

my_robot.drive_forward()
my_robot.drive_backward()
my_robot.turn_left()
my_robot.turn_right()
my_robot.set_speed(255)
my_robot.set_duration(1000)
```

6）保存文件。

7）按 F5 键运行程序。

在 Python shell 窗口中，你应该看到如下内容：

```
>>> =====================RESTART====================
>>>
My robot is an autonomous rover called Nomad
Nomad is driving forward 100 milliseconds
Nomad is driving backward 100 milliseconds
Nomad is turning left 100 milliseconds
Nomad is turning right 100 milliseconds
the motor speed is now 255
the duration is now 1000
```

3.5.8 样式

下面，我想花点时间谈谈如何设计代码。我们已经看到缩进是非常重要的，必须符合严格的准则来表示代码块。但是在不那么关键的样式决策上，有几个方面你可以有自己的风格。当然，Python 社区中也有一些推荐的传统做法。

Python 的创建者和主要开发人员提出了一些最佳实践方法。你可以在 *Python Style Guide*（Python 样式指南）（www. python. org/dev/peps/pep-0008/）中了解所有建议。我建议你仔细阅读一下样式指南，在你养成一些坏习惯（就像我一样）前练习他们的建议。后面，我们再讨论一下如何命名变量、函数和类。

1. 空行

在代码块之间留空白行，从而产生逻辑和视觉上的分隔，这是一个好主意，这会使你的代码更易于阅读。

2. 注释

要在代码中编写注释，而且要经常这么做，还要尽量详尽。当你回过头来阅读自己的代码（用于调试或在另一个项目中复用）时，你会想知道编写代码时你在想什么，以及你试图用它做什么。

如果你的代码在网络上被其他人阅读或审阅，他们也需要注释。Python 是一个社区，在这里代码经常被共享。大家对注释和描述良好的代码都格外欣赏。

3. 命名约定

如何命名变量、函数和类属于个人决定，适合自己的才是最好的。Python 语言是区分大小写的。如果在一个地方使用大写字母而在另一个地方使用小写字母，那么这样做会产生两个不同的变量，还会让你屡屡出错。

虽然惯例是使用混合大小写命名，但在样式指南中没有描述通用变量名。混合大小写名称以小写字符开头，名称中的每个单词首字母都大写，例如 myRobots。

函数和模块应该是小写的。在单词之间加下划线，让它们更易于被阅读。所以我们的函数 hello world 被命名为 hello_world。

类应该用 CapWords 样式命名。顾名思义，CapWords 将每个单词的第一个字母大写，包括名称中的第一个字符，这种样式通常称为驼峰式。

最后，列表和其他集合应该复数化，说明变量表示的是多个对象。例如，robots 是一个机器人列表。如果我们处理的是列表中的一个项，那么形式如下所示：

```
robot = robots[0]
```

3.6 小结

本书中我们都是使用 Python 来编程。它是一种非常简单的语言，并提供了很多强大的功能。许多软件开发人员认为 Python 很慢，虽然在某些领域，Python 的速度很慢，但在其他领域却能够弥补不少时间，我们在第 9 章开始研究计算机视觉时会看到这一点。

第 4 章

树莓派GPIO

前几章介绍了树莓派硬件，并学习如何使用 Python 对其进行编程。学习在安装了操作系统后，如何进行相关配置以便使用，并掌握了设置远程访问，这样就可以在不直接连接键盘、鼠标和显示器的情况下对树莓派进行编程。现在，你又学习了 Python 程序的基本结构、语法等内容，这些足以让你使用这门语言开始编写程序了。

接下来，你将学习如何使用树莓派的 GPIO 接口与物理世界进行交互。这对于机器人技术至关重要，因为只有借助它处理器才能检测周围发生的事情，并对外界刺激做出反应。如果没有探测能力以及对物理世界的响应能力，任何智能或自主都是空谈。

4.1 树莓派 GPIO 介绍

有多种方法可以连接到树莓派。到目前为止，最简单的方法是通过板上内置的 USB 端口。通过它们你可以访问外部组件，例如用来访问控制树莓派的键盘和鼠标。但是，USB 端口需要特殊的硬件来将串行命令转换为操作设备所需的信号。树莓派有一种更直接的方法来连接外部设备——GPIO 插头。

GPIO 是电子设备和外界之间的接口。插头通常是指板上允许访问某些功能的一组引脚。GPIO 插头是沿着板的一个边缘布置的两行 20 针引脚（见图 4-1），其被称为 40 针插头。

需要特别注意的是，插头是直接连接到电路板上的电子设备的。这些插头既没有内置缓冲器也没有任何安全装置。这意味着，如果你连接不正确或使用了错误的电压，就很可能会损坏树莓派。在使用插头之前，需要注意以下事项：

1）尽管树莓派采用 5V USB 微型适配器供电，但电子设备的电压为 3.3V。这意味着你

图 4-1 带 40 针插头的树莓派

需要注意传感器的使用电压。

2）GPIO 引脚上提供两种电压：5V 和 3.3V。要小心确认使用哪种电压，尤其是试图通过 GPIO 为树莓派供电时。

3）可以通过某一个 5V GPIO 引脚为树莓派供电，但是这种方式没有电路保护和调节功能。如果电压过大，或者有尖峰电流，则电路板可能会损坏。如果必须使用 GPIO 引脚为电路板供电，请务必准备一个外部调节器。

4）GPIO 有两种编号模式：Board 编号和 BCM 编号。这意味着在代码中可以有两种不同方法来使用引脚，使用哪种方法完全取决于自己，你只需要记住选择了哪种模式就行。

4.1.1 引脚编号

正如我提到的，40 针插头有两种编号模式：Board 编号和 BCM 编号。

Board 编号就是按顺序对引脚编号。pin1 是离 micro SD 卡最近的那个引脚，pin2 是相邻位置最靠近树莓派外缘的引脚。继续这样编号，内侧一行为奇数引脚，外侧一行为偶数引脚。pin40 是靠近 USB 端口主板边缘的引脚。

BCM 编号复杂一些。BCM 是 Broadcom 的缩写，它是驱动树莓派的片上系统（System on Chip，SoC）的制造商。在树莓派 2 上的处理器是 BCM2836，在树莓派 3 上的处理器是 BCM2837。BCM 编号是指 Broadcom 芯片的引脚数量，不同版本之间可能有所不同。BCM2836 和 BCM2837 具有相同数量的引脚输出，因此树莓派 2 和树莓派 3 之间没有差异。

为了将电子元器件连接到 40 针插头，我们将使用 Adafruit T–Cobbler Plus 和一个面包板。T–Cobbler 在板上刻有引脚信息以便快速参考，它使用的是 BCM 编号，所以我们也使用 BCM 编号。

4.1.2 连接到树莓派

有多种方法可以将插头上的引脚连接至其他设备。我们将要使用的是电动机控制器（就是一个直接安装在插头上面的板子）。在树莓派的术语中，这些板被称为 HAT（Hardware Attached on Top）或扩展板。

另一个选择是使用跳线直接连接至引脚。对于许多人来说，这是制作原型电路的首选方法。

我更喜欢第三种方法，那就是使用 Adafruit 的另一种电路板，叫作树莓派 Cobbler。Cobbler 有多个版本，我更喜欢使用专为树莓派设计的 Adafruit T–Cobbler Plus（见图 4-2）。此电路板设计为通过排线连接至面包板。它使用的 40 针插头与插入面包板的插针是垂直配置的，这样可以将排线的附件从面包板上移开，以便更好地访问插孔。

图 4-2 安装在面包板上的 T–Cobbler

使用 T–Cobbler 的一个优点是，各个引脚都有明显的标记。当我们开始构建电路时，很容易就能看到你连接的是什么引脚。这也使识别代码中使用了哪个引脚变得更加容易。当你将 pin21 声明为输出引脚时，你将确切地知道它是电路板上的哪个引脚。

4.1.3 树莓派 GPIO 的局限性

在使用 GPIO 时，有一些事情需要注意。

1）首先，我们设置的树莓派不是一个实时设备。Debian Linux 是一个完整的操作系统，它从硬件中抽象出许多层。这意味着对硬件的命令并非直接发送给硬件。相反，在 CPU 向主板发送命令之前和之后，这些命令都要经过好几个操作。Python 在另一个抽象层中运行，每一层都会带来一定的延迟。一般情况下，我们是无法感知到这种延迟的，但在机器人运行中，一点点延迟都会产生巨大的影响。Debian 有一些更实时的发行版，它们是专为工业应用设计的，但我们使用的标准 Raspbian 版本并不是其中之一。

2）其次，树莓派上没有模拟输入。好吧，其实有一个，但它是与串行端口共用的，我们稍后可能会将其用于其他用途。所以，最好是认为没有模拟输入引脚。你将在第 5 章中看到这一点的重要性。

3）第三，树莓派只有两个 PWM（脉冲宽度调制）引脚，我们利用它向外部设备发送不同的信号。这意味着在插头上只有两个引脚可以进行模拟输出。这两个引脚也与树莓派的音频输出共享，在我看来这并不是最佳做法。

好消息是有一个简单的方案可以解决所有这些问题，那就是引入一个实时的外部微控制器，提供多个模拟输入，还能提供两个以上的 PWM 输出。在第 5 章中，我们将树莓派和 Arduino 一起使用。Arduino 基本上是 AVR AT 系列微控制器的原型板。这些芯片直接连接到硬件上，并不像树莓派等大多数 SoC 处理器那样存在抽象层。使用 Arduino 还有其他优点，我们将在第 5 章中讨论。

4.1.4 使用 Python 访问 GPIO

硬件只是一部分内容，我们将使用 Python 来编写我们想要的功能。为了做到这一点，我们将使用 RPi. GPIO 库。在第 3 章中讲过，库是类和函数的集合，用于提供某种附加功能。

在机器人技术中，新的硬件、传感器或其他组件通常都有一个库，以便你更容易使用它。有时库是通用的，例如 RPi. GPIO。其他时候，库是为特定设备制作的，例如我们将在第 7 章中使用的电动机控制器的特定库。当你给机器人增加更多的硬件时，你经常需要从制造商的网站上下载新的库。当我们开始使用电动机控制器时，你将会看到这一点。

GPIO 库提供访问 GPIO 引脚的对象和函数。Raspbian 自带安装了 GPIO 库，所以随时都能使用。有关如何使用该库的更多信息，请访问 https://sourceforge. net/p/raspberry - gpio-python/wiki/BasicUsage/。

要使用 GPIO 库，我们需要做两件事：先导入包，然后告诉它我们要使用哪种模式访问引脚。正如我前面讨论的，有两种模式——Board 编号和 BCM 编号——告诉系统使用哪种引脚编号。

Board 编号模式引用的是树莓派上 P1 插头的编号。由于此编号保持不变，为了向后兼容，你无须更改代码中的引脚编号，只要板子未经改动。

相比之下，BCM 编号模式指的是 Broadcom SoC 的引脚编号，这意味着在更新版本的树莓派上，引脚布局可能会有所变化。幸运的是，在树莓派 2 中使用的 BCM2836 和在树莓派 3 中使用的 BCM2837 两者的引脚布局并没有改变。

由于个人原因，我们将使用 BCM 模式，仅仅因为 T-Cobbler 上就是使用这个模式进行标注的。

每个使用 GPIO 插头的程序都包含以下两行代码：

```
import RPi.GPIO as GPIO
GPIO.setmode(GPIO.BCM)
```

4.1.5　简单输出

1. LED 示例

最简单的例子就是 LED 闪烁，这是无处不在的"Hello World"的硬件版本。我们的第一个 GPIO 项目是将一个 LED 连接至树莓派，并使用 Python 脚本使 LED 闪烁。我们先从连接电路开始。这个项目里，你需要一个面包板、一个 T-Cobbler 扩展板、一个 LED、一个 220Ω 的电阻和两条用作跳线的短导线。

（1）连接电路

1）连接 T-Cobbler，如图 4-3 所示。一排引脚应位于板中开口的任意一侧。具体位置由你决定，但是，我一般都是让安装后的排线头部位于脱离面包板的位置，这样可以最大限度地访问面包板。

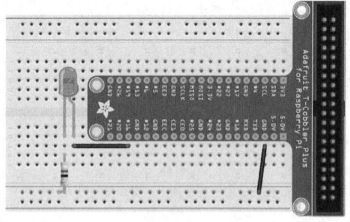

图 4-3　LED 示例电路布局

2）将220Ω电阻连接在接地导轨和空的5孔
导轨之间。

3）将LED阴极连接到与电阻相同的导轨上。
阴极是最靠近LED平侧的引脚。在有些LED上，
阴极引脚要比阳极引脚短一些（见图4-4）。

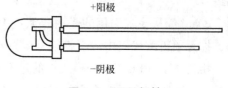

图4-4 LED极性

4）将LED阳极连接到另一个空的5孔导轨上。

5）将一根跳线从阳极导轨连接到T–Cobbler的pin16所在的导轨上。

6）用一根跳线将LED连接的接地导轨和T–Cobbler任意一个接地引脚所在导轨连接起来。

如果要在编写代码前测试一下LED，可以将跳线从pin16移到某个3.3V引脚。树莓派一上电，LED将点亮。不过在继续下面操作之前，请确保将跳线移回pin16。

（2）编写代码

这个项目的代码非常简单，它是用Python 3编写的。尽管这两个版本的代码都可以运行，但其中一行代码在Python 2.7中是无效的。具体地说，末尾的输出行使用的参数end是不兼容的。如果使用的是Python 2.7，需要省略此参数。

参数end用/r替换附加到每个输出行的默认字符/n。/r是回车符，而/n表示换行。回车符表示光标返回到当前行的开头，任何新文本都会覆盖前面的字符。然而，它并没有先清除该行的内容。因此，我们在新文本的末尾附加任意数量的空白字符，以确保之前的所有文本都被完全删除。

GPIO命令访问的是系统级内存。所有系统级命令必须有超级用户或root访问权限才能运行。这意味着你需要使用sudo运行Python或授予自己永久的root权限，不过这样做可能存在一定风险。编写完代码后，我们将从命令行中执行它。执行代码之前，我们必须先让它变成可执行文件，这在终端上非常简单。

首先，我们使用IDLE或在终端上新建一个Python 3文件。

如果使用IDLE，请执行以下操作：

1）打开Python 3的IDLE。

2）单击New。

3）在项目文件夹中将文件保存为gpio_led. py。

如果使用终端，请执行以下操作：

1）打开终端窗口。

2）导航至项目文件夹。在我使用的树莓派上，命令如下所示：

```
$ cd ~/TRG-RasPi-Robot/code
```

3）输入touch gpio_led. py。

4）输入 idle3 gpio_led. py。

这将在 Python 3 的 IDLE IDE 中打开一个空白文件。

5）创建文件并进入 IDLE 编辑器后，请输入以下代码：

```
# GPIO 示例：闪烁的 LED

# 导入 GPIO 和 time 库
import RPi.GPIO as GPIO
import time

# 将 GPIO 模式设置为 BCM，并禁用警告信息
GPIO.setmode(GPIO.BCM)
GPIO.setwarnings(False)

# 定义引脚
led = 16

GPIO.setup(led,GPIO.OUT)

# 确保 LED 已关闭
GPIO.output(led,False)
# 循环开始
while True:

    # 打开 LED
    GPIO.output(led,True)

    # 等待 1s
    time.sleep(1)

    # 关闭 LED
    GPIO.output(led,False)

    # 等待 1s
    time.sleep(1)
```

6）保存文件。

接下来，我们将使用终端将代码变成可执行文件，然后再运行它。

1）打开一个新的终端窗口并导航至项目文件夹。

2）输入 chmod +x gpio_led. py。这将使代码变成可执行文件。

3）要运行代码，请输入 sudo python3 gpio_led. py。

你现在有了一个闪烁的 LED，"Hello World" 项目到此结束。

2. PWM

即便树莓派的 GPIO 插头上只有两个脉冲宽度调制（PWM）引脚，而且你很可能并不会用上它们，但学会如何控制它们还是很有用的。板上的两个 PWM 引脚是 pin18 和 pin19。在本例中，我们将使用 pin18 为 LED 提供脉冲信号。

（1）连接电路

直接使用我们为 LED 练习设计的电路。

将跳线从 pin16 移到 pin18。"呼"的一下，我们就完成了所有硬件设置，下面开始编码。

（2）编写代码

新建一个 Python 3 文件。

如果使用 IDLE，请执行以下操作：

1）打开 Python 3 的 IDLE。

2）单击 New。

3）在项目文件夹中将文件保存为 gpio_pwm_led. py。

如果使用终端，请执行以下操作：

1）在终端窗口中，导航至项目文件夹。在我使用的树莓派上，命令如下所示：

```
$ cd ~/TRG-RasPi-Robot/code
```

2）输入 touch gpio_pwm_led. py。

3）输入 idle3 gpio_pwm_led. py。这将在 Python 3 的 IDLE IDE 中打开一个空白文件。

4）创建文件并进入 IDLE 编辑器后，请输入以下代码：

```
# GPIO 示例: 闪烁 LED

# 导入 GPIO 和 time 库
import RPi.GPIO as GPIO
import time

# 将 GPIO 模式设置为 BCM，并禁用警告信息
GPIO.setmode(GPIO.BCM)
GPIO.setwarnings(False)

# 定义引脚
pwmPin = 18

GPIO.setup(pwmPin,GPIO.OUT)
pwm = GPIO.PWM(pwmPin,100)

# 确保 LED 已关闭
```

```
pwm.start(0)

# 循环开始
while True:
count = 1
# 开始点亮 LED 的 while 循环
while count < 100:

        # 设置占空比
        pwm.ChangeDutyCycle(count)

        # 延迟 0.01s
        time.sleep(0.01)

        # 计数器 count 加一
        count = count + 1

# 开始熄灭 LED 的 while 循环
while count > 1:

        pwm.ChangeDutyCycle(count)

        time.sleep(0.01)

        # 设置占空比
        pwm.ChangeDutyCycle(count)

        # 延迟 0.01s
        time.sleep(0.01)

        # 计数器 count 减一
        count = count - 1
```

5）打开一个新的终端窗口，然后导航至项目文件夹。

6）输入 chmod +x gpio_pwm_led. py，使代码变成可执行文件。

7）要运行代码，请输入 sudo python3 gpio_pwm_led. py

现在你的 LED 应该有脉冲信号了。如果要更改脉冲速率，更改函数 time. sleep（）中的值即可。

4.1.6　简单输入

我们已经明白了发送信号是多么容易，现在是时候把一些信息返回到树莓派中了。我们将通过两个例子来实现这一点。首先是按钮示例：在这个例子中，树莓派被设置为从一个简单的按钮获取输入，并在终端中指示按钮被按下的时间。第二个例子使用超声波测距传感器读取到特定物体的距离，然后将输出显示在终端中。

1. 按钮示例

最简单的输入形式是按钮。你按下一个按钮，电路闭合，然后发生一些事情。我们的第一个输入示例，会将一个按钮连接到 GPIO 插头上。

本质上有两种连接按钮的方法。你可以把它设置成低状态启动，也就是说，当按钮未按下时，没有信号传到引脚，引脚上的电压被处理器读为"低"。也可以把它设置为高状态启动，也就是说，当按钮未按下时，引脚读数为"高"或"接通"，而按下按钮时，引脚变为低状态。

你经常听到"拉高"或"拉低"这两个词。将引脚拉高或拉低是使引脚进入高或低状态的方法。在许多应用中，这是通过在电路中添加电阻来实现的。

连接在逻辑引脚和电压源之间的电阻使引脚处于高状态，引脚被拉高了。然后按钮接地，按下按键时，电压源绕过引脚，通过按钮接地。没有电压接入引脚，它进入低状态。

反过来，在引脚和地之间连接电阻，然后在引脚和电压源之间连接按钮，引脚被拉低了。当按钮断开时，引脚会被接地，使引脚处于低状态。当按下按钮时，电压被施加到引脚上，它进入高状态。

引脚被拉高或拉低，以确保当按钮按下时它们处于预期状态。明确地告诉电路我们期待它将如何工作，这通常是一个很好的实践做法。

幸运的是，树莓派有内置电路来适应引脚拉高或拉低。这意味着我们可以通过代码将引脚拉到正确的状态，同时还不必担心要添加额外的元器件。

在这个练习中，让我们把引脚拉高。按下按钮时，引脚变低，并在终端窗口中输出一条消息。

（1）连接电路

此练习需要以下零件：

- 按钮开关。
- 四条公对公跳线。

1）连接 T-Cobbler，如图 4-5 所示。一排引脚应位于板中开口的任意一侧。具体位置由你决定，但是，我一般都会让安装后的排线头部处于脱离面包板的位置，这样可以最大限度地访问面包板。

2）连接一个按钮，使其引脚刚好连接在面包板中心的间隙上。

3）在 3.3V 引脚和电压导轨之间连接一条跳线。

图 4-5　按钮示例电路布局

4）在接地引脚和接地导轨之间连接另一条跳线。

5）再使用另一条跳线将按钮的一个引脚连接至接地导轨。

6）使用剩下的跳线将按钮另一个引脚连接至 pin17。

按钮开关是双极单掷（DPST）的。这意味着当按下按钮时，位于面包板间隙一侧的两个引脚会连接在一起，而间隙另一侧的引脚则形成一个单独的电路。一定要确保跳线连接一侧的两个引脚属于同一对引脚。

（2）编写代码

新建一个 Python 3 文件。

如果使用 IDLE，请执行以下操作：

1）打开 Python 3 的 IDLE。

2）单击 New。

3）在项目文件夹中将文件保存为 gpio_button. py。

如果使用终端窗口，请执行以下操作：

1）导航至项目文件夹。在我使用的树莓派上，命令如下所示：

$ cd ~/TRG-RasPi-Robot/code.

2）输入 touch gpio_button. py。

3）输入 idle3 gpio_button. py。这将在 Python 3 的 IDLE IDE 中打开一个空文件。

4）输入以下代码：

```
# GPIO 示例：使用按钮

# 导入GPIO和time库
import RPi.GPIO as GPIO

# 将GPIO模式设置为BCM，并禁用警告信息
GPIO.setmode(GPIO.BCM)
GPIO.setwarnings(False)

# 定义引脚
btnPin = 20
GPIO.setup(btnPin, GPIO.IN, pull_up_down = GPIO.PUD_UP)

# 开始while循环
while True:
        btnVal = GPIO.input(btnPin)

        # 如果引脚为低状态，则输出至终端
        if (btnVal == false):
                print('Button pressed')
```

5）打开一个新的终端窗口，然后导航至项目文件夹。

6）输入 chmod +x gpio_button. py。

7）输入 sudo python 3 gpio_button. py 运行代码。

2. 超声波测距传感器示例

在本例中，我们使用 HC-SR04 超声波测距传感器来获取到物体的距离。把调用放入一个循环中，这样我们就能持续得到距离读数。你将使用与上一个示例相同的库来访问 GPIO 引脚。

本示例将向你介绍一个在树莓派和许多其他设备上都需要注意的关键因素：传感器和引脚之间的电压区别。许多传感器的设计工作电压为 5V。然而，树莓派在其逻辑中使用 3. 3V 的电压。这意味着所有的 I/O 引脚都被设计为 3. 3V。向这些引脚中的任何一个引脚施加 5V 电压都会对树莓派造成严重损坏。树莓派确实提供了几个 5V 电源引脚，但我们还是需要将返回信号降低至 3. 3V。

（1）连接电路

这次的电路复杂一点。请记住，传感器的工作电压为 5V，而树莓派的 GPIO 引脚工作电压为 3. 3V。向 3. 3V 引脚输入 5V 的信号会损坏树莓派。为了防止这种情况，我们会在 echo 信号引脚上添加一个简单的分压电路。

我们先做些数学计算。

$$V_{out} = V_{in} \times \frac{R_2}{R_2 + R_1}$$

$$\frac{V_{out}}{V_{in}} = \frac{R_2}{R_1 + R_2}$$

我们的输入电压是 5V，希望产生 3.3V 的输出电压，我们将使用 1kΩ 电阻作为电路的一部分。所以

$$\frac{3.3}{5} = \frac{R_2}{1000 + R_2}$$

$$0.66 = \frac{R_2}{1000 + R_2}$$

$$0.66 \times (1000 + R_2) = R_2$$

$$660 + 0.66R_2 = R_2$$

$$660 = 0.34R_2$$

$$R_2 = 1941$$

元器件清单如下：

- HC-SR04。
- 1kΩ 电阻。
- 2kΩ 电阻。

你可以将两个 1kΩ 电阻串联起来，或者使用更为流行的 2.2kΩ 电阻。我们要用的就是 2.2kΩ 电阻。

- 4 条公对母跳线。
- 4 条公对公跳线。

设置过程如下：

1）连接 T-Cobbler，如图 4-6 所示。一排引脚应位于板中开口的任意一侧。具体位置由你自己决定，但是，我一般都是让安装后的线缆头部处于脱离面包板的位置，这样可以最大限度地访问面包板。

2）确保接地跳线固定在接地引脚和接地导轨之间。

3）在其中一个 5V 引脚和电源导轨之间添加一条跳线。

4）使用一条公对母跳线将 HC-SR04 上的接地引脚连接至接地导轨。

5）将 VCC 或 5V 引脚从 HC-SR04 连接至电源导轨。

6）将 HC-SR04 上的 trig 引脚连接至 T-Cobbler 的 pin20 上。

7）将 2kΩ 电阻从一个空的 5 孔导轨连接至接地导轨。

8）将 1kΩ 电阻连接至 2kΩ 电阻所在导轨和另一个空的 5 孔导轨上。

9）在 2kΩ 电阻所在导轨和 T-Cobbler 上的 pin21 之间连接另一条跳线。

10）将 HC-SR04 echo 引脚连接至 1kΩ 电阻另一端连接的导轨上。

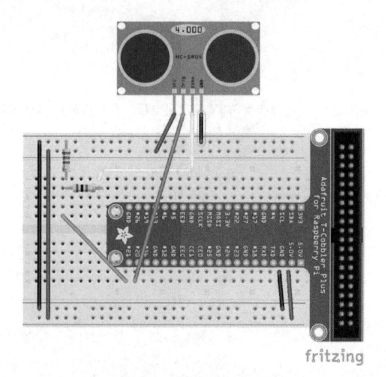

图4-6　超声波测距传感器示例电路布局

这就完成了接线。现在我们来完成代码的编写。

（2）编写代码

HC-SR04 超声波测距传感器的工作原理是通过测量超声波脉冲返回传感器所需的时间来计算出物体的距离。我们会发出一个时长为 10μs 的脉冲，然后监听脉冲返回。通过测量返回脉冲的长度，我们可以通过简单的数学计算得到距离（以 cm 为单位）。

距离计算为速度×时间，它由以下公式推导而出：速度 = 距离÷时间。声音以 343m/s 或 34300cm/s 的速度传播。因为我们实际上是在测量脉冲到达目标并返回所需的时间，所以我们只需要这个值的一半。我们使用以下公式来计算：

$$距离 = 17150 \times 时间$$

该代码会发出一个 10μs 的脉冲，测量返回所需的时间，计算出以 cm 为单位的估计距离，然后将其显示在终端窗口中。

创建一个新的 Python 3 文件。

如果使用 IDLE，请执行以下操作：

1）打开 Python 3 的 IDLE。

2）单击 New。

3）在项目文件夹中将文件保存为 gpio_sr04. py。

如果使用终端窗口，请执行以下操作：

1）导航至项目文件夹。在我使用的树莓派上，命令如下所示：

$ cd ~/TRG-RasPi-Robot/code

2）输入 touch gpio_sr04. py。

3）输入 idle3 gpio_sr04. py。这将在 Python 3 的 IDLE IDE 中打开一个空白文件。

4）输入以下代码：

```
# GPIO 示例：使用 HC-SR04 超声波测距传感器

# 导入 GPIO 和 time 库
import RPi.GPIO as GPIO
import time

# 将 GPIO 模式设置为 BCM，并禁用警告信息
GPIO.setmode(GPIO.BCM)
GPIO.setwarnings(False)
# 定义引脚
trig = 20
echo = 21

GPIO.setup(trig,GPIO.OUT)
GPIO.setup(echo,GPIO.IN)

print("Measuring distance")

# 开始 while 循环
while True:
    # 设置触发引脚为低状态，并等待 0.1s
    GPIO.output(trig,False)
    time.sleep(0.1)

    # 发送一个 10µs 脉冲
    GPIO.output(trig,True)
    time.sleep(0.00001)
    GPIO.output(trig,False)

    # 获取返回脉冲的开始和结束时间
    while GPIO.input(echo)==0:
        pulse_start = time.time()
```

```
while GPIO.input(echo)==1:
    pulse_end = time.time()

pulse_duration = pulse_end - pulse_start

# 计算距离: 单位为 cm
distance = pulse_duration * 17150
distance = round(distance, 2)

# 显示结果, end = '\r' 将使输出强制显示在同一行
print("Distance: " + str(distance) + "cm        ", end = '\r')
```
5）打开一个新的终端窗口，然后导航至项目文件夹。

6）输入 chmod +x gpio_sr04.py。

7）输入 sudo Python3 gpio_sr04.py 运行代码。

4.2　小结

　　树莓派的一个最大优点就是 GPIO 插头，这个 40 针插头可以让你与传感器和其他设备直接交互。除了我们用来连接 LED、按钮、超声波测距传感器的简单 GPIO 引脚外，还有一些具有特殊功能的引脚。我建议探索一下这些特殊引脚。标有 SCL、SDA、MISO 和 MOSI 的引脚用于串行连接，它们允许你使用一些高级传感器，如加速度计和 GPS。

　　在使用 GPIO 插头时，有几件事需要记住：

1）运行脚本前，需要先使用 chmod +x <文件名> 使代码变成可执行文件。

2）无论何时运行使用 GPIO 引脚的脚本，都需要使用 sudo 命令。

3）需要格外注意传感器使用的电压。

4）尽管插头可为设备提供 5V 电压，但逻辑引脚为 3.3V。如果你不降低来自传感器的信号的电压，会对树莓派造成损坏。

5）可使用类似于为超声波测距传感器构建的分压电路，将传感器的 5V 信号降低至 3.3V。

6）称为逻辑电平移位器的预制板可以用来降低电压。

7）树莓派没有功能性可用的模拟引脚。

8）树莓派只有两个 PWM 通道。每一个通道都连接至两个引脚，所以它看起来像有四个可用的 PWM 引脚，但实际上并没有。

　　在下一章中，我们将 Arduino 连接至树莓派。Arduino 是为 IO 设计的微控制器。这就是它所能做的，而且它在这方面做得很好。通过结合使用这两块板，我们不仅克服了树莓派的缺点，还额外增加了其他好处。

第 **5** 章

树莓派和Arduino

在第 4 章中，我们使用树莓派上的 GPIO 引脚与 LED 和超声波传感器进行了交互。很多时候，这已经足够做你想做的事了。同时，我也讨论了树莓派 GPIO 的一些缺点，为了克服这些缺点，很可能需要对其功能进行扩展。

在本章中，我们将在机器人中引入一个微控制器。微控制器是一种设备，通常是芯片形式，它被设计成通过输入和输出引脚与其他组件进行直接交互。每个引脚都连接到微控制器的电路上，用于特定的用途。

由于引脚直接连接到微控制器的敏感的内部电路，所以一般需要额外的电路使其安全工作。许多制造商提供了一个评估板，允许开发人员快速构建原型和概念验证设备。

其中一块板实际上不是由芯片制造商开发的，而是由开发者开发的，并已经向公众开放。由于它的易用性、丰富的文档，以及一流的社区支持，这个设备很快成了爱好者社区的最爱。当然，我说的就是 Arduino。

我们介绍了很多关于 Arduino 的信息：如何安装软件，编写程序（称为草图），并将这些程序加载到 Arduino 上。我们还将介绍如何让树莓派和 Arduino 相互通信。这将为你的机器人增加指数级的能力。

但是在我们进入 Arduino 之前，还是先回顾一下树莓派的一些缺点。

5.1 树莓派 GPIO 回顾

特别地，我们来谈谈模拟引脚和脉冲宽度调制（PWM）引脚方面的不足。

5.1.1 实时或近实时处理

实时处理是系统直接与 GPIO 和外部设备交互的能力。对于需要立即响应的 CNC 应用程序或其他应用程序，它是至关重要的。在机器人学的术语中，这对于闭环系统也是必要的，因为闭环系统需要对激励做出即时响应。

一个很好的例子是移动机器人的边缘检测器。你希望机器人在掉下桌子边缘之前能够自己停下来。花时间处理一个操作系统的多个抽象层，以达到确定停止的逻辑，然后将信号通过多个层发送到电动机控制器，这个过程非常令人头疼。另外，如果操作系统延迟操作或挂起，机器人将会"欣然赴死"，而不会做任何明智点的事。但是，你希望的是机器人能够立即停止。

尽管有一些版本的 Linux 操作系统可用于近实时处理，但这些都是专门的操作系统，我们使用的 Raspbian 并不是其中之一。

5.1.2 模拟输入

我们已经看到在树莓派上的数字输入是如何工作的。事实上，我们在某一个数字引脚打开然后关闭（先高后低）时使用超声波测距传感器来探测距离。通过一点数学运算，我们可以把信号转换成有用的数据。这是一个数字信号，它只在引脚由高电压变成低电压时执行检测。

有许多类型的模拟信号，而不只是高或低、白或黑，以及开或关，也可以是某个范围的值，如除了黑白之外的一系列灰度值。当你使用一个传感器测量某个东西的强度或水平时，这非常有用。使用光刻胶的光传感器就是一个例子。随着光照强度的变化，传感器上的电阻和电压也随之变化。一种称为模－数转换器（ADC）的设备能够将模拟信号转换成程序可以使用的数字值。

树莓派只有一个模拟输入引脚。这个引脚并无多大用处，尤其是当它用于板子很可能用到的串行通信这一功能时。如果我们把引脚专用于模拟输入，我们就不能使用串行通道了。即使我们不打算使用那个特定的串行通道，单个模拟输入引脚的用途也非常有限。

5.1.3 模拟输出

模拟输出在本质上类似于模拟输入。在前面的 LED 示例中，我们使用数字信号来打开和关闭 LED。模拟量允许我们改变 LED 的亮度。然而，计算机或微处理器等数字系统并不能产生真正的模拟信号。

数字信号的频率和占空比是可调整的。高低变化的数字信号被称为脉冲。调整一个脉冲的占空比以及脉冲的时长，这被称为脉冲宽度调制（PWM）。当我们测量超声波测距传感器信号的时候，我们实际上是在测量设备返回的脉冲。

树莓派有四个可用的 PWM 引脚。然而，这四个引脚只连接到两个脉宽调制过程。所以，这意味着我们只有两个 PWM 通道可用。再说一次，这些引脚并不像我们希望的那样有用。如果有实时处理器的话，我们可以用软件来模拟 PWM。然而，如前所述，树莓派并不是一个实时系统。所以，如果我们想要两个以上的 PWM 通道，就需要找其他的解决方案。

5.2　Arduino 来救场

幸运的是，有一类设备专门设计用来实时处理各种类型的输入和输出。这些设备属于微处理器。市面上有很多种微处理器，其中 AVR ATTiny 和 ATMega 是较为常见的，也是易于使用的处理器。

然而，这些都是芯片，除非你习惯了怎么使用它们，否则它们很难访问和使用。为了使这些设备更易于使用，制造商们制造了开发板。这些电路板将芯片上的引脚连接到原型化过程中更易于访问的插头上。并且还添加了使用引脚所需的电子元器件，如电压调节器、上拉电阻、滤波电容、二极管等。所以，最终你所要做的就是把你的特定电子元器件连接到设备上，然后就可以开始制作你的产品原型了。

几年前，一群意大利工程师聚在一起，做了一些史无前例的事情。他们使用 AVR AT-Mega 芯片独自开发出了一块开发板，并将向公众公布了硬件设计方案，然后向爱好者和学生们进行推广。他们把这个板称作 Arduino。图 5-1 显示了一个典型的 Arduino Uno 开发板。我确信它的预期目标是成为业余爱好者和制造者社区的事实标准。

图 5-1　Arduino Uno

为什么我们要将 Arduino Uno 和树莓派结合起来使用呢？首先，它是一个实时处理器。Arduino 直接与引脚和连接的外设进行通信，不存在由操作系统或程序层抽象带来的延迟。其次，它提供了更多工作引脚。其中有 6 个模拟引脚和 6 个基于硬件的 PWM 引脚。它是"基于硬件的"，因为电路板是实时的，我们可以（通过软件）在任何引脚上模拟 PWM 信号（顺便说一下，有 20 个这种引脚）。

这仅仅是 Arduino Uno。还有一个更大版本的 Arduino 板，叫作 Mega。Mega 有 54 个数字引脚和 16 个模拟引脚，一共有 70 个 IO 引脚。

Arduino 是开源硬件，这意味着任何人都可以生产它们。因此，你可以找到许多不同版本的 Arduino，其制造商各不相同，价格也有低有高。正所谓一分钱一分货。如果你是刚入门，我建议多花点钱买一个可靠一点的开发板。稍后，随着你对排除故障有了更好的理解和更高的容忍度，你可以尝试使用便宜一些的开发板。

5.3 使用 Arduino

Arduino 非常容易编程和使用。这也是这么多人选择 Arduino 来开展机器人和物联网研究的原因。将设备连接至 Arduino 非常简单，如果使用 Shield 系列连接扩展器则更是如此。

对 Arduino 进行编程也非常简单。Arduino 提供了一个交互界面来对板子编程，界面的名称够简单，也叫 Arduino。或者更准确地说，它是 Arduino IDE（集成开发环境）。Arduino IDE 使用了 C 语言编程风格的语言，名字也叫 Arduino。如你所见，无论是硬件、软件，还是开发环境，它们在概念上是相同的。当你谈到 Arduino 编程时，软件和硬件之间是没有区别的，因为软件的唯一目的就是与硬件交互。

在本章中，你需要安装 Arduino IDE，并将 Arduino 连接至计算机。假定安装说明和练习是在树莓派上运行的，但老实说，在其他机器上安装也一样简单。所以，如果你觉得不用树莓派更舒服，或者是你不想远程访问树莓派，你完全可以在你的 PC 或笔记本计算机上做所有的练习。

5.3.1 安装 Arduino IDE

将 Arduino 连接至树莓派之前，我们需要安装软件和驱动程序。幸运的是，这非常简单。安装 Arduino IDE 的过程中会一并安装树莓派工作所需的所有驱动程序。

安装 Arduino IDE 过程如下：

1）打开一个终端窗口。

2）输入 sudo apt-get install Arduino。

3）对任何提示都回答是。

4）现在可以去喝上一杯，因为整个过程需要的时间可能会相当长。

安装完成后，Arduino IDE 会出现在编程菜单中。

5.3.2 连接 Arduino

在最初规划本书这一部分内容的时候，我本来想提供多种方法来连接 Arduino 和树莓派。但是，使用 USB 连接之外的任何方法都会带来另一层复杂性和一些 Linux 操作系统的细节，这超出了本文的介绍范围。本质上它涉及告诉树莓派你正在激活 UART 引脚，然后再禁用许多使用该通道的原生函数。这一过程并非必须，特别是因为有四个可用的 USB 端口时，如果这还不够，你还可以随时添加一个 USB 集线器。所以，我们选择使用 USB 连接，这样我们就可以重点介绍 Arduino 和树莓派相关的东西。

要连接 Arduino，我们只需像图 5-2 中所示那样，将 USB 数据线从树莓派连接至 Arduino。根据主板制造商的不同，你可能需要不同的 USB 数据线。因为我使用的开发板是原版 Uno，所以我使用的是 A–B USB 数据线。有些人使用 mini USB 数据线，还有些人使用 micro USB 数据线。

图 5-2　连接至 Arduino Uno 的 A–B USB 数据线

这样就好了。由于 Arduino 板是由树莓派通过 USB 数据线供电的，因此无须添加外部电源。现在，你已经准备好开始 Arduino 之旅了。接下来，我们将使用最为常用的闪烁程序来测试 Arduino。但首先，我们来看看编程界面是怎样的。

5.3.3 Arduino 编程

正如我之前说过的，Arduino 编程非常简单。然而，由于我们刚刚花了很多时间学习 Python，所以以理解其中的一些差异是非常重要的。

我们将从界面和使用它的一些技巧开始。然后我们将编写一个小程序来说明该语言的内部结构和语法。所有这些都是为下一节内容做准备，在下一节中，我们将更深入地了解 Arduino 编程语言。

1. Arduino IDE

当你第一次打开 Arduino IDE 时，会看到一个非常简单的界面（见图 5-3）。开发人员在开发 Arduino 板时发明了相应的编程语言和 IDE 界面。如果你之前编写过代码，这个界面看起来会缺少一些特性。这虽是有意为之，但因此也存在一定误导性。

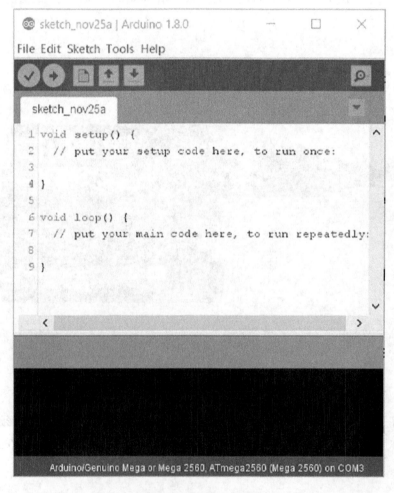

图 5-3　Arduino IDE

尽管 IDE 界面简单，但其健壮性令人惊讶。最重要的是，它提供了跨平台编译功能，无论代码是在安装 Linux、Windows 操作系统还是 Mac OS 的机器上编写，都能在更简单的 AVC 处理器上正常运行。

我们来看看 Arduino IDE 中的一些关键特性和操作。

（1）图标和菜单 由于 Arduino 与众不同，界面顶部工具栏中的图标可能和你习惯上看到的不太一样。图 5-4 中图标从左向右依次是编译、上传、新建草图、打开、保存，而最右侧的图标是串口监视器。

图 5-4　Arduino IDE 工具栏

前两个图标非常重要。

编译（Compile）告诉 IDE 处理代码，并准备将其加载到 Arduino 板上。它会运行你的代码，并尝试构建最终的计算机级程序。此时，它将标识出所有可能的输入错误。Arduino 不提供任何调试功能，因此你会对编译功能相当依赖。

上传（Upload）功能先编译草图，然后将其上传到板上。因为上传功能会先运行编译器，所以会执行与编译功能相同的编译活动，但是在编译结束后，它会尝试将编译的代码加载到你的板上。因为 AVR 处理器一次只能存储和运行一个程序，所以每次上传到 Arduino 板时，都会覆盖当前板上的所有内容。这并不总是你想要的。有时你会间歇性地编译代码，以检查语法并确保代码无误。你并不希望将这些中间步骤都加载到板上。

但是到最后，你还是需要上传你的草图，看看会发生什么。编译草图可以确保你的代码无误，而代码是否执行你希望它执行的操作则是另一回事，只有在上传之后你才能验证一切。

（2）新建草图 你可以通过单击工具栏中的 New Sketch 图标或从菜单中选择 File ▶ New 来新建草图。新建草图时总会打开一个 IDE 的新实例。你在前一个窗口里所做的工作，依旧保留在原来的窗口里。

第一次打开 Arduino IDE 时，会看到一个新草图的框架。你稍后自己新建一个草图，看到的内容也是一样。每一个 Arduino 草图都包含了这些元素。New Sketch 操作会用这个框架预先填充整个 IDE。当我们编写第一个草图时，你会看到这些元素都有哪些。

（3）保存草图 在编译或运行草图之前，需要先保存它。你可以随时保存一个草图，但是在编译或上传之前必须要保存一下。要保存草图，请单击 Save 图标或从菜单中选择 File ▶ Save。

首次保存草图时，系统会为其自动创建一个项目文件夹。这是保存代码文件（扩展名为 .ino）的地方，为项目创建的其他文件也保存于此。当你处理更大、更复杂的程序时，或者当你开始在 IDE 中将草图拆分为不同的选项卡时，这一点非常重要。

（4）打开现有草图　默认情况下，当你打开 IDE 时，会自动打开你之前处理的最后一个草图。当你长时间在同一个项目上工作时，这很方便。

如果需要打开另一个草图，请单击 Open Sketch 图标或从菜单中选择 File ➤ Open。或者，也可以选择 File ➤ Open Recent，这会列出你最近打开的几个草图，选择其中一个文件将会在 IDE 的新实例中打开它。

（5）板和端口选择　正确编译和加载草图的关键是选择合适的板和端口。板和端口的选择是通过 Tools 菜单来完成的。

选择板将会告诉编译器你使用的是哪个版本的 Arduino。随着你在 Arduino、机器人或物联网领域经验的增长，你可能会用到多种不同的板。Arduino IDE 的一大优点就是它的灵活性。你会发现自己能够在熟悉和舒适的环境下，为不同制造商的许多不同电路板进行编程。这使得 Arduino 在创客空间中已成为使用上的标准。

在为机器人选择板和端口前，请确认 Arduino 已通过 USB 数据线正确连接，并且 Arduino IDE 已经安装和打开，操作如下所示：

1）从菜单中选择 Tools ➤ Board。

2）在可用板列表中选择 Arduino/Genuino Uno。

3）从菜单中选择 Tools ➤ Port。

列表中应该有一个条目类似于 Arduino/Genuino Uno on TTYAMC0。

4）选择此条目。

此时，Arduino IDE 应该准备好了编译草图并将其加载到电路板上。我们将编写我们的第一个草图，以便不久后进行测试。

（6）示例的妙用　在安装 Arduino IDE 的同时，还一并安装了一些草图示例（见图 5-5），这些示例是学习 Arduino 编程方法的极好参考。在学习的过程中，要仔细查看这些草图，寻找与你试图实现的功能相似的功能代码。

要查看或打开示例列表，请单击 File ➤ Examples。当你添加更多库（如传感器和其他设备的库）时，也是添加到这个示例列表中。因此，当你扩展自己以及机器人的能力之后，一定要回过头来重温这些例子。

（7）使用选项卡和多个文件　我在前面讨论保存草图时，为单个文件创建项目文件夹可能会显得有点奇怪。原因是一个项目可能包含多个文件。你可以为一个项目创建多个 Arduino 文件，或者你也可以将导入的文件与项目保存在一起。图 5-6 所示为打开了三个选项卡的 Arduino IDE 界面。

当你在一个项目文件夹中有多个代码文件时，打开项目中的文件后，每个代码文件都会显示为 Arduino IDE 中的一个选项卡。这允许你在工作时轻松地在文件之间导航。

在处理选项卡和多个文件时，有几点需要记住。通过 IDE 创建并保存为 INO 文件的选

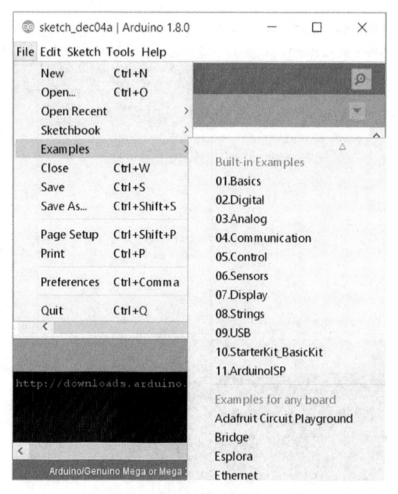

图 5-5　基本安装随附示例代码列表

项卡中的代码，将被附加到主 INO 文件的末尾。这意味着你在这些选项卡中创建的所有函数，都可用于任何一个选项卡。但是，对于不是在 IDE 中创建的选项卡或文件，比如那些用于包含的文件，在你将它们包含到代码之前都是不可用的。这既方便不过又会令人沮丧，因为你需要跟踪特定函数来自哪个文件。

在本章后面我们回顾 Arduino 编码时，我将对包含文件作更多介绍。

图 5-7 所示为选项卡管理菜单。

你可以新建一个选项卡来帮助组织代码。当你新建选项卡时，该选项卡将会存储为项目文件夹中的一个新文件，操作如下所示：

1）打开 Arduino IDE 并启动一个新文件。

2）保存文件以创建一个新的项目文件。

3）单击 IDE 选项卡栏中的三角箭头。

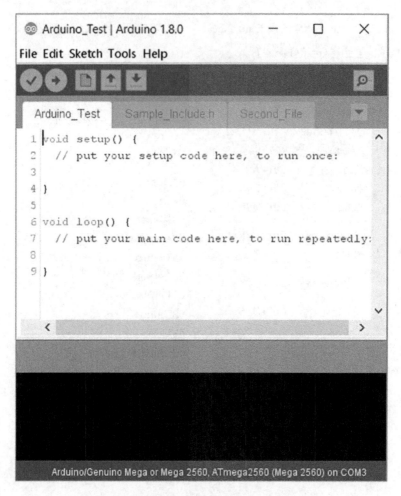

图5-6 打开了多个选项卡的 Arduino IDE 界面

4）单击 New Tab。

5）在打开的对话框中，输入选项卡的名称。请记住，这是项目文件夹中新文件的名称。

6）保存文件。所有未保存的选项卡也会同时被保存。

保存选项卡后，Arduino 会自动创建一个新文件来存储选项卡中的代码。

5.3.4 草图

Arduino 中的程序叫作草图。这个名字的意思是，你只是简单地绘制代码，就像你在餐巾纸上画出一个想法一样。老实说，有时候确实有这种感觉。

你正在用一种叫作编程的语言绘制 Arduino 草图。它是 C 语言的精简版本，旨在使编码

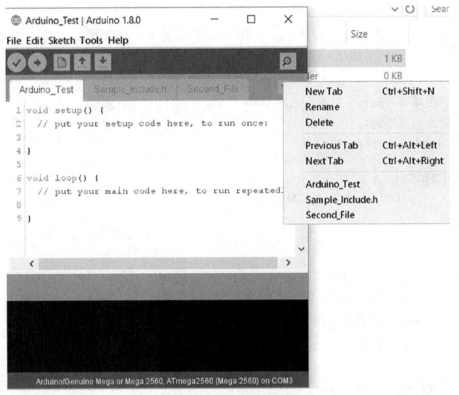

图 5-7　选项卡管理菜单

更加容易。Arduino 实际上使用了为 Arduino 板制作的修改版编程语言，它本质上是能在 AVR 处理器上运行的一组精简指令。

和 Python 一样，你可以通过添加库来添加功能和复杂性。在 C 语言中，我们使用 include 指令，它的作用和 Python 中的 import 命令作用一样。稍后我们在两个板之间进行通信时会看到这一点。

1. Hello Arduino

为了理解 Arduino 和 Python 编程之间的区别，我们将编写一个简单的程序。与关于 GPIO 的章节一样，第一个程序是硬件版本的"Hello World"——闪烁的 LED。加载程序后，你将学习到更多有关编程、语言结构的知识，以及要如何使用它。

在 GPIO 的内容中，我们用 LED 制作了一个小电路。不过，Arduino 在电路板中内置了一个 LED 供我们使用，因此我们暂时不需要打开面包板。LED 连接到 Uno 上的 pin13，其他版本可能有所不同，操作如下所示：

1）从编程菜单中打开 Arduino IDE。

2）确认板已连接并能检测到。

3）在 Arduino IDE 菜单上，转到 Tools 并将鼠标光标悬停在 Board 上。此时应该看到 Arduino Uno 被选中了。

4）现在将鼠标光标悬停在串口上。应该出现类似于/dev/ttyUSB0 的文本。如果你的树莓派分配了一个不同的端口，则结果会有所不同。关键是显示一些文本出来，而且是选中状态。

5）单击菜单外的某个位置，关闭 Tools 菜单。

6）输入以下代码：

```
int ledPin = 13;

void setup() {
        pinMode(ledPin, OUTPUT);
}

void loop() {
        digitalWrite(ledPin, HIGH);
        delay(1000);
        digitalWrite(ledPin, LOW);
        delay(1000);
}
```

7）将文件保存为 blink_test。

8）单击对勾图标编译草图。

9）如果出现任何错误，请检查输入的代码是否正确。记住，与 Python 不同，每一行代码都必须以分号结尾。而与 Python 相同的是，它区分大小写。

10）当所有内容都正确编译后，单击箭头图标（指向右侧的箭头）。这将把草图上传至 Arduino。

上传时请稍等几秒钟。之后，你会看到连接至 pin13 的 LED 在闪烁。

恭喜你，你刚刚完成了你的第一个 Arduino 项目。而且，你是在树莓派上完成的。

2. 草图的内部结构

我们刚刚编写的草图并不是很复杂的，但它确实展示了 Arduino 草图的基本结构。

```
int ledPin = 13;
```

我们首先创建一个名为 ledPin 的整型变量，并将其赋值为 13。给变量起一个有意义的名字是个好习惯，即使程序很短并且只有一个变量时也是如此。

```
void setup() {
```

然后我们创建一个名为 setup（）的函数。此函数和函数 loop（）在每个 Arduino 草图中都有。函数 setup 是你放置预备代码的地方，例如打开串口，或者像我们在这个草图中所做的那样，定义如何使用引脚。函数 setup 仅在程序开始时运行一次。

```
pinMode(ledPin, OUTPUT);
```

在函数 setup 中只有一个命令，即通过函数 pinMode 告诉编译器如何使用引脚。在本例中，我们将 ledPin（值为 13）声明为输出引脚。意思是告诉编译器我们要从这个引脚输出信号，而不希望接收信号。

然后，在开始函数 loop 之前，用右括号结束函数 setup。

```
void loop() {
```

函数 loop 是 Arduino 草图中另外一个必需元素。顾名思义，函数 loop 会不断重复运行，直到电路板断电或复位。它相当于 Python 中的 while true：命令。函数 loop 中的所有代码会以处理器所能处理的速度一直重复。

```
digitalWrite(ledPin, HIGH);
```

在函数 loop 中，我们放置使 LED 闪烁的代码。我们首先使用函数 digitalWrite 将引脚设置为高状态。同样，在这个例子中我们想要传入 ledPin 和想要设置的状态为 HIGH。

```
delay(1000);
```

下一行代码添加 1000ms（1s）的延迟，然后再执行下一个命令。

```
digitalWrite(ledPin, LOW);
```

在延迟 1s 之后，我们使用同样的 digitalWrite 命令将引脚设置为低状态。但这一次，我们传入的是常量 LOW。

```
delay(1000);
```

我们再次延迟 1s。因为这是函数 loop 中的最后一个命令，所以在延迟之后，会返回到函数 loop 的开始处。函数 loop 会一直运行，直到我们拔下 Arduino，或者上传另一张草图为止。

5.4 Arduino 编程语言

如前所述，Arduino 编程语言源于其他编程语言，而多数编程语言又源于 C 语言。所以如果你熟悉 C 语言编程，那么 Arduino 会很容易使用。许多函数、语法和快捷方式在 Arduino 和在 C 语言中是一样的。

剩下的东西，你很快就会明白的。请记住，Arduino 不是 Python，当你使用它时，它的表现会大有不同。

例如，与 Python 相比，Arduino 对空格和格式的要求要少得多，Python 使用缩进来表示代码块。在 C 语言中，代码块是用大括号 "{}" 来定义的。也就是说，在 Python 中不能忽略空格。在一行开头多写一个空格，都会错误连连。

另一个让初学者和经验丰富的程序员都感到沮丧的关键区别是行终止符。在 Python 中，直接移动到下一行就行，不需要终止符。然而，在 Arduino 和 C 中，代码行要以分号结尾。如果编译器期望的位置没有分号，就会产生一个错误。这是初学者最常犯的一个错误。如果代码无法编译，首先要检查是否漏了分号。

Python 和 Arduino 之间有一个相同点是区分大小写。记住是大写还是小写非常重要。intPin 和 intpin 是两个不同的变量。如果你的代码没有正确编译或表现出预期的效果，那么这是第二个要检查的问题。

5.4.1 包含其他文件

与 Python 非常相似，有时你需要包含其他文件或库。当你向 Arduino 中添加传感器、电动机或其他设备，并需要将设备库添加到代码中时，最有可能出现这种情况。

Arduino 使用 C 和 C++方法，即通过#include 指令添加外部文件代码。以下代码将在文件中包含标准伺服库：

```
#include <Servo.h>
```

include 的语法与其他指令略有不同。请注意，此行末尾没有分号。加上分号会产生错误，导致代码无法编译。另外，关键字 include 前面有一个"#"。

5.4.2 变量和数据类型

和 Python 一样，Arduino 拥有所有常见的数据类型，尽管它们的行为可能稍有不同。Arduino 和 Python 最大的区别之一是 Arduino 必须在使用变量之前先进行声明。for 循环就是一个很好的例子。在 Python 中，可以执行以下操作：

```
for i in range (0, 3):
```

而在 C 和 Arduino 中，for 循环看起来像这样：

```
for (int i = 0; i < 3; i ++) {... }
```

这是完全不同的语句。我将在本章后面解释 for 循环语法。

这里要注意的关键问题是，在 Python 中，变量 i 在创建时并没有类型，当第一个值 0 赋给它时，它才变成了整型。而在 Arduino 中，在给变量赋值之前必须告诉编译器变量是什么类型，否则会收到类似于下面所示的错误：

```
Error: variable i not defined in this scope
```

声明变量的规则与 Python 相同，最佳实践也相同。

- 变量只能包含字母、数字和下划线。
- 变量区分大小写；variable 与 Variable 是不同的变量。你以后可能会犯这种错误。
- 不要使用 Python 关键字。
- 命名时尽量简洁、有意义。
- 使用小写字母 L 和大写字母 O 时要小心，它们看起来非常类似于数字 1 和 0，这可能会引起混淆。我并不是说不要用它们，只要你确实清楚自己在做什么就行。不过强烈反对将它们用作单字符变量名。

1. 字符和字符串

字符串有三种类型：字符、作为字符数组的字符串，以及作为对象的字符串。每一种类型都有明显不同的处理方式。

字符（char）是存储为 ASCII 数值的单个字母数字字符。记住，计算机是基于 1 和 0 工作的，所有东西在最终都会被分解并存储为 1 和 0 组成的数字。ASCII 码是代表字母数字字符的数值。例如，字母 a 的 ASCII 码是 97。甚至不可见字符也有 ASCII 值。回车的 ASCII 码是 13。你会经常看到这些代码用于函数 char 中，例如 char（13）。

字符串可以用两种不同的方式处理。原生方法源于 C 语言，处理的是字符数组。你可以这样声明这种类型的字符串：

```
string someWord[7];
```

或者

```
string someWord[] = "Arduino";
```

这将创建一个由字符组成的字符串，该字符串被存储为一个数组。我们很快会了解数组的更多信息，它们大致相当于 Python 中的列表。要访问该类型字符串中的字符，需要使用字符在数组中的位置，比如 someWord［0］返回字符 A。

（1）字符串对象　尽管有时你可能会希望以我刚才解释的方式来操作字符和字符串，但是 Arduino 提供了一种更加方便的处理字符串的方法：String 对象。注意字母 S 要大写。

String 对象提供了许多用于处理文本和将其他值转换为字符串的内置方法，其中许多函数可以通过简单的数组操作轻松重建出来。String 对象让一切变得更加简单，但是如果你不打算进行大量的字符串操作，这可能会有点大材小用。

对字符串操作有用的函数有很多，比如 trim（）、toUpperCase（）和 toLowerCase（）。

有几种方法可以创建字符串对象。因为它是一个对象，所以必须创建 String 对象的一个实例。实例化对象的方式通常与声明任何其他变量的方式相同。事实上，由于所有数据类型本质上都是对象，所以它们的声明方式是完全相同的。例如，以下代码创建了 String 对象的 myString 实例：

```
String myString;
```

或者

```
String myString = "Arduino";
```

2. 数字

和 Python 一样，Arduino 中也有多种可用的数字格式。最常见的是整型（int）和浮点型（float）。你偶尔也会使用布尔类型和一些其他类型。

整型表示介于 –32768 ~ 32767 之间的 16 位数字。无符号整型可以包含 0 ~ 65535 之间的正值。长整型（long）是从 −2147483648 ∼ 2147483647 的 32 位数字。所以根据你需要数字的大小，你可以选择最为合适的类型。

小数或非整数存储为浮点型。浮点型是从 −3.4028235 × 10^{38} ∼ 3.4028235 × 10^{38} 的 32 位数字。和 Python 一样，Arduino 中的 float 只是近似值，而不是精确值。但它们在 Arduino 中比在 Python 中更加精确。

以下代码展示了如何在 Arduino 中创建数字变量：

```
int myNumber;
int myNumber = 10;
long myLongInt;
long myLongInt = 123456;
float myFloat;
float myFloat = 10.1;
```

一定要注意每行末尾的分号，每行代码（代码块除外）都必须以分号结尾。

3. 数组

如前所述，数组本质上与 Python 中的列表相同。它们用中括号 "［］" 表示。在数组中寻址的工作方式与在 Python 中完全相同。Arduino 数组也是从零开始的，这意味着数组中的第一个值位于位置 0。

下面的示例创建了一个数组，之后遍历数组中的元素，最后将一些值输出到串口。

1）在 Arduino IDE 中新建草图。

2）将草图保存为 array_example。

3）更新代码如下：

```
int numbers[5];
int moreNumbers[5] = {1,2,3,4,5};

void setup() {
  // 将你的setup代码置于此处，仅运行一次
Serial.begin(9600);
}

void loop() {
  // 将你的主代码置于此处，不断重复运行
for(int i = 0; i < 5; i++){
  Serial.println(numbers[i]);
  }

for(int i = 0; i < 5; i++){
  numbers[i] = moreNumbers[i];
}
```

```
for(int i = 0; i < 5; i++){
  Serial.println(numbers[i]);
  }

numbers[1] = 12;

for(int i = 0; i < 5; i++){
  Serial.println(numbers[i]);
  }
}
```

4）保存文件。

5）把草图上传至 Arduino。

6）单击 Tools ▶ Serial Monitor。

5.4.3 控制结构

和 Python 一样，Arduino 提供了几种结构来为代码添加一些控制。这些你应该相当熟悉，因为它们与 Python 中的控制结构非常相似。当然，语法是不同的，你需要注意分号和括号。

1. if 和 else

这通常被认为是最基本的构造，它只允许你根据布尔条件的结果来执行代码。如果条件的计算结果为 true，则执行代码，否则程序将跳过代码并执行下一个命令。下面是 if 语句的示例：

```
if(val == 1){doSomething();}
```

在本例中，我们只是简单地计算变量 val 的内容。如果 val 的内容是整数 1，则执行括号内的代码，否则程序跳过代码并继续下一行。

整个语句不必写成一行，通常情况下也不会写成一行。一般来说，即使括号内的代码由一行组成，我也会将语句写成多行，我觉得这样更加易读。此代码在功能上与前面的示例相同。

```
if(val == 1){
        doSomething();
        }
```

你可以使用 else 语句来计算多个值，它的工作方式与预期完全相同。如果前一个条件的计算结果为 false，则编译器将对后续的条件逐个求值。

```
if(val == 1){
        doSomething();
}
else if(val == 2){
        doSomethingElse();
}
else if(otherVal == 3){
        doAnotherThing();
}
else {
        doAlternateThing();
}
```

此代码的第一部分与前面的示例相同。如果 val 的值是 1，则执行 doSomething（）。如果此条件为 false，即 val 不是 1，则检查它是否为 2。如果是 2，则执行 doSomethingElse（）。如果这还不正确，那么检查 otherVal 的值。如果是 3，则执行 doAnotherThing（）。最后，如果前面的条件都不为真，则执行 doAlternateThing（）。

最后的 else 语句并非必需。你可以不使用此语句，不管后面是什么代码，都将继续运行。最后一个 else 语句只用于放置所有其他条件都不为真时才希望运行的代码。

另外，请注意第二个 else/if 语句。你不必在所有条件里都计算同一个变量，任何计算结果为 true 或 false 的操作都是有效的。

2. while 循环

只要条件为真，while 循环中的代码块就会重复执行。在 Python 中，我们使用它来创建一个连续循环，以不断地执行我们的程序。这种做法在 Arduino 中是不必要的，因为标准的函数 loop（）提供了这种功能。

像 if 语句一样，while 也要计算条件。如果条件计算为 true，则执行代码块。一旦代码块执行完毕，它将再次计算条件。如果条件的计算结果仍然为 true，则再次执行代码块。这个过程会一直持续下去，直到条件计算为 false。因此，要确保在代码块中存在更新条件的代码，这一点非常重要。

这是 while 循环的一个示例：

```
int i = 0;

while(i < 3){
        doSomething();
        i++;
}
```

在本例中，我们在进入 while 循环之前先创建一个值为 0 的整数。while 语句计算 i 的值。由于当前值为 0，小于 3，因此执行代码块。在代码块中，让 i 值加 1。while 语句再次计算值。这次 i 的值为 1，还是小于 3，因此代码块再次执行。这将一直继续下去，直到 i 的值增加到 3。由于 3 不小于 3，while 循环退出，不再执行代码块。

像其他所有循环一样，while 循环是阻塞式的。这意味着只要条件的计算结果为 true，代码块就会执行，从而阻止任何其他代码执行。

此功能通常用于阻止代码在条件出现之前运行，以防后续出现错误或意外结果。例如，如果代码需要建立串口连接后才能继续，则可以将此代码添加到程序中：

```
Serial.begin(9600);
while(!Serial){}
```

函数 Serial 是标准 Arduino 库的一部分，它用于检查串口连接是否可用。如果已建立串口连接，则计算结果为 true。但是，前面的感叹号（!）表示"非"运算。所以我们的意思是，"只要未建立串口连接，就执行这些代码。"因为代码块是空的，所以没有代码可以运行。最终的结果是代码会停下来，直到建立串口连接为止。

3. for 循环

与 while 循环一样，for 循环会重复执行代码块，只要条件的计算结果为 true。两者之间的区别在于 for 循环还定义和改变了正在计算的变量。一般来说，就是设置一个整数作为计数器，和预先设定的阈值进行比较，然后递增该计数器的值。每次递增时，都会执行一次代码块，直到条件的计算结果不再为 true。例如：

```
for(int i = 0; i < 3; i++){
        doSomething();
}
```

在本例中，我们声明了一个整数 i。我们希望只要 i 小于 3 就继续循环代码块。每次我们执行完代码，就将 i 的值增加 1，直到 i 的值为 3。因为 3 不小于 3，所以退出循环，不再执行代码块。

当你想要一段代码重复执行特定次数时，这非常有用。在代码中也可以使用递增的值。例如，如果我们希望 pin13 上的 LED 慢慢变亮而不是一下就开到最亮，可以使用以下代码：

```
pinMode(11, OUTPUT);
for(int i = 0; i < 255; i++){
        analogWrite(11, i);
}
```

首先，我们告诉 Arduino，我们希望使用 pin13 作为输出引脚。很快你就会学习有关引脚使用的更多信息。然后我们设置 for 循环，将 i 的值从 0 增加至 254。之后将 i 的值写入 pin13，以设置 PWM 值。如果你还记得前面讲过的内容，PWM 值可以通过调整引脚在给定周期内高电平的占空比来控制 LED 的亮度。因此，我们的 LED 会逐渐增加到它的最大亮度。

实际上，我们会在开始学习引脚使用时编写 LED 变暗的代码。

4. 函数

和 Python 一样，Arduino 允许你通过函数将代码分解成更小的部分。Arduino 中的函数与 Python 中的函数非常相似。当然，语法是不同的。但是，无论哪种语言，你都要声明函数名，列出所需的所有参数，并提供在调用函数时要执行的代码块。

你已经熟悉了 Arduino 函数的语法。Arduino 草图中的 setup 块和 loop 块都属于函数。唯一的区别在于这些都是在运行时自动调用的系统函数。如果你熟悉 C 或 C＋＋，它们与这些语言在根一级的函数 main（）类似。

在任何时候，只要有一块代码需要在多个地方使用，就可以使用函数。这样，你只需要编写一次代码，之后无论从何处调用它，它的表现都始终如一。

函数的一般语法如下：

```
returnType functionName(parameterType parameterName){
        doSomething();
}
```

下面带着你创建和使用一下函数，效果很可能会更好，也更容易理解。

在本练习中，我们将创建一个简单函数，用于将两个数字相加。它不是一个特别实用的函数，只是作为一个如何创建函数的示例。

1）在 Arduino IDE 中新建一个草图。

2）将草图保存为 function_example。

3）将代码更新为：

```
int a = 1;
int b = 2;
int val;
int answer;

int add_vars(){
  val = a+b;
  return val;
}
int add_params(int p1, int p2){
  val = p1+p2;
```

```
    return val;
  }

  void printVal(){
    Serial.println(val);
  }

  void setup() {
    // 将你的setup代码置于此处，仅运行一次
    Serial.begin(9600);
  }

  void loop() {
    // 将你的主代码置于此处，不断重复运行
    add_vars();
    printVal();

    add_params(a,b);
    printVal();

    answer = add_vars();
    Serial.println(answer);

    a++;
    b++;
  }
```

4）将草图上传至 Arduino。

5）通过 Tools 菜单打开串口监视器。

在这个练习中，我们创建了三个函数。前两个函数返回一个 int 类型的值。因此，我们在函数名前面加上数据类型 int。第三个函数不返回数据，它只是执行一个任务，所以前面加的是 void。

第一个函数 add_vars（），用于将两个全局变量相加。这同时强调了全局变量的好处及危险。程序中的任何代码都可以操纵全局变量。这种方法很简单，可以在相同的数据上执行任务，然后再将数据从一个函数传给另一个函数。但是，你必须知道，对变量所做的任何更改，都将应用于其他使用该变量的所有位置。

一种更安全的替代方法是在函数中使用参数。通过这种方式，你可以获得更多的控制权，因为参数值是人为提供的。第二个函数 add_params（）演示了这一点。创建的参数将作为函数声明的一部分。我们提供了每个参数的数据类型，以及在函数中要使用的变量名。因此，这和声明变量完全一样，只是在运行时调用函数的时候才对参数赋值。

最后一个函数不返回数据，也不需要任何参数。在本例中，我们会将全局变量 val 的值输出到串口。

5.4.4 使用引脚

Arduino 的主要用途是与其他组件、传感器或其他设备进行交互。要做到这一点，我们需要知道如何与引脚进行交互。Arduino 的引脚直接连接到其核心的 AVR 处理器上。

Arduino 提供了 14 个数字引脚、6 个模拟引脚、6 个硬件 PWM 引脚、TTL 串口、SPI 和双线串口。我把重点放在硬件 PWM 上，因为所有数字或模拟引脚都可以用于软件 PWM。在本书中并没有涵盖所有这些功能，但我建议你花点时间来了解一下它们。

我们来看看基本的数字和模拟输入输出。这些功能是你最常使用的。

在使用任何引脚作为输入或输出之前，必须首先对它的使用方式进行声明。这是使用函数 pinMode () 来完成的，你只需要在函数中提供引脚编号和模式即可。例如，以下代码将 pin13 设置为输出引脚：

```
pinMode(13, OUTPUT);
```

我通常会把引脚编号赋给一个变量，这样更容易识别代码中正在执行什么操作。例如：

```
int servoPin = 11;
int LEDPin = 13;
```

现在，当我需要引用引脚的时候，会更容易理解代码。

```
pinMode(LEDPin, OUTPUT);
```

1. 数字操作

定义了引脚之后，就可以开始使用它了。

和 Python 一样，可以通过将引脚设置为高电平或低电平，以启用或关闭引脚。这是使用函数 digitalWrite () 来完成的，通过该函数可以将指定编号的引脚设置成高电平或低电平。例如：

```
digitalWrite(LEDPin, HIGH);
```

使用 pinMode () 示例中的代码，将 pin13 设置成高电平，即启用状态。

同样，也可以将引脚设置为低电平来关闭它。

另一方面，你可以用 digitalRead () 来读取引脚的当前状态。为此，需要先将模式设置为输入。

```
int buttonPin = 3;
int val;
pinMode(buttonPin, INPUT);
val = digitalRead(buttonPin);
```

这段代码先给变量 buttonPin 赋值 3，然后再创建一个变量来存储结果。将引脚模式设置为输入之后，就可以读取引脚状态了。最后，我们将 pin13 的值读取到变量 val 中。

2. 模拟输入

模拟输入的工作原理稍有不同，你可以使用任何 IO 引脚进行数字操作，但只能使用指定的模拟引脚进行模拟输入。我在介绍 Python 时已经讨论过，微控制器并不能真正地处理模拟量，总是要以某种方式让模拟信号和数字信号互相转换。对于模拟输出来说，是通过脉冲宽度调制（PWM）来实现的。而对于模拟输入，则要使用模-数转换器（ADC）将模拟信号转换成数字信号。这是一个硬件功能，因此必须在特定的引脚上执行。在 Arduino Uno 上，这些引脚是 A0 ~ A5。

由于这些引脚是专门用于模拟输入的，所以严格来说不必声明它们是输入引脚。不过我还是建议这样做，因为这是一个指示，说明这些引脚正在使用。

函数 analogRead（）用于读取引脚，例如：

```
val = analogRead(A0);
```

这将为变量 val 赋值，即将 A0 的值赋给变量 val，这是一个介于 0 ~ 1023 之间的整数值。

3. 模拟输出

PWM 的工作原理与 Python 中的基本相同。在指定的引脚上，可以提供介于 0 ~ 255 之间的值，以改变引脚的输出。0 是数字低或关闭的模拟等效值，而 255 等价于数字高或打开。因此，取值为 127 时提供 50% 的占空比，与半功率大致相同。

对于 Arduino 来说，可以使用 analogWrite（）来设置引脚的 PWM 信号。在 Arduino Uno 上，PWM 引脚号为 5、11、12、15、16 和 17。以下代码片段将 pin11 的输出设置为 25% 左右。

```
int PWMPin = 11;
pinMode(PWMPin, OUTPUT);
analogWrite(PWMPin, 64);
```

4. 脉冲 LED

在本练习中，我们将制作一个 LED 脉冲。pin13 不是 PWM 引脚，所以这次我们不能使用内置的 LED，那么是时候用到面包板和一些跳线了。

（1）电路 为了连接电路，我们需要一个 220Ω 的电阻、一个 5V 的 LED、Arduino、面包板，以及一些跳线。具体连线请参考图 5-8。

1）将 LED 连接到面包板上。

2）连接电阻，使其一端连接至与 LED 长引脚共用的导轨上。

3）在二极管的另一个引脚和 Arduino 的 GND 引脚之间连接一条跳线。

4）将电阻另一端的跳线连接至 Arduino 上的 pin11。

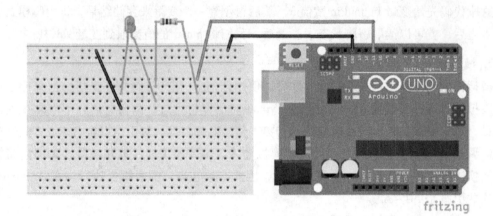

图5-8 LED渐暗练习电路布局

（2）代码 前面我们在 for 循环示例中使用了 analogWrite（）。现在我们编写代码在 Arduino 上实现这个示例。

1）在 Arduino IDE 中新建一个草图。

2）将草图保存为 PWM_Example。

3）将代码更新为：

```
int PWMPin = 11;

void setup() {
  // 将你的setup代码置于此处，仅运行一次
  pinMode(PWMPin, OUTPUT);
}

void loop() {
  // 将你的主代码置于此处，不断重复运行
  for(int i = 0; i < 255; i++){
    analogWrite(PWMPin, i);
  }

  for(int i = 255; i >= 0; i--){
    analogWrite(PWMPin, i);
  }
  delay(100);
}
```

4）保存草图并上传至 Arduino。

现在，面包板上的 LED 应该会开始闪烁。如果要更改脉冲速率，请修改函数 delay 中

的值。

5.4.5 对象和类

创建对象和类已经超出了本书的讨论范围。在 Arduino 中有这种需要的情况也非常非常少。但是，你会经常用到其他库中的对象或类。

对象的实例化方式通常与其他变量的声明方式相同：先告诉编译器对象的类型，然后是用来引用变量的变量名称。

```
ObjectType variableName;
```

声明之后，你就可以访问这个类的所有属性和方法。一个很好的例子就是 Servo 类，这是 Arduino 中的一个标准库。以下代码片段将创建一个伺服对象，并将其附加至 pin12：

```
#include <Servo.h>

Servo myServo;
myServo.attach(12);
```

首先，我们导入 Servo 库。一旦导入了 Servo 库，我们就可以轻松创建 Servo 类的实例。在本例中，我们创建了一个名为 myServo 的伺服对象。创建对象之后，就可以使用方法 attach（）指定 pin12 来控制伺服。

5.4.6 串口

Arduino 上有多个串口通道。我们在树莓派和 Arduino 之间使用 USB 连接，这是迄今为止两者之间最简单的通信方式。

1. 连接至串口

要使用串口通信，必须先使用 Serial. begin（baudRate）来启动它。例如，下面的代码将以 9600bit/s 的波特率来启动串口连接：

```
Serial.begin(9600);
```

波特率完全由个人需要而定，重要的是要和所连接计算机上的波特率相匹配。所以，当你初始化树莓派上的串口连接时，你需要确保它们是匹配的。我很快会讨论如何建立这种连接。

可以通过查询关键字 Serial，来验证串口连接是否成功。Serial 是一个布尔对象，用于指示串口连接是否可用。如果连接可用，则为 true，否则为 false。实际上 Serial 有多种使用方法。你可以将它用作 if 语句的布尔条件，并将依赖代码放在 if 语句的代码块中。或者，可以将其用作 while 循环的布尔条件。

以下是检查串口连接的两种方法，只有在连接可用时才运行代码。

```
if(Serial){
        doSomething();
}

while(Serial){
        doSomething();
}
```

如果串口连接可用，则执行第一个代码块，然后转到 if 语句后面的代码。第二个代码块会连续不断地运行，只要连接可用。在串口连接终止并退出循环之前，都不会运行 while 循环后面的任何代码。

第三种用法是在连接不可用时停止运行所有代码。这是我们以前见过的另一个 while 循环。

```
while(!Serial){}
```

它使用了"非"运算符或感叹号（!）。为了使条件的计算值为 true，它必须为 false。在这种情况下，只要连接不可用，就执行块中的代码。但是，代码块中并没有任何代码，它只是在连接可用之前停止程序。

2. 发送串口数据

我们要做的大部分工作只是将数据输出到串口上。事实上，这就是我们在前面的例子中所做的。方法 Serial. println（）会将括号内的数据发送到串口。可以通过 Arduino IDE 中的串口监视器查看串口输出。

要将数据写入串口流，我们通常使用其中的一个串口输出方法。Serial. print（）将括号中的内容输出到串口流，而且不带新的行结束符。这意味着使用此方法输出的所有内容都将显示在串口监视器的同一行上。

方法 Serial. println（）包含了新的行结束符，所以用该方法输出的所有内容后面都有一个新行。

3. 接收串口数据

当然，串口也可以反向工作。你可以使用串口对象的几种方法从树莓派读取串口流。许多从串口读取数据的方法都是针对单个字节的。如果你刚开始接触串口操作，这可能会让你困惑并感到麻烦。如果你熟悉串口操作并熟悉单个字节数据的操作，那么 Serial. read（）、Serial. readByte（）和其他函数很可能会特别有用。

然而，这些函数我们都不用。为了让一切简单一点，我们将使用方法 Serial. parseInt（）和 Serial. readString（）。当从串口流中读取数据时，这两个方法将承担起大部分工作。

Serial. parseInt（）读取传入的串口流并返回数据，但是它并不会一次性解析所有整数。当你第一次调用它时，它返回遇到的第一个整数。下一次调用返回下一个整数。每次调用都返回找到的下一个整数，直到到达行尾。

让我们来看看 parseInt（）是如何工作的。在下面的代码中，Arduino 等待从串口流接收输入。然后遍历输入信号并解析出整数，再将它们逐个输出到新行上。

1）在 Arduino IDE 中打开一个新草图。

2）将草图保存为 parseInt_example。

3）输入以下代码：

```
int val;

void setup() {
  // 将你的 setup 代码置于此处，仅运行一次
  Serial.begin(9600);
}

void loop() {
  // 将你的主代码置于此处，不断重复运行
  while(Serial.available() > 0){
    val = Serial.parseInt();
    Serial.println(val);
  }
}
```

4）将草图上传至 Arduino。

5）打开串口监视器。

6）在串口监视器顶部的数据输入字段中，输入1，2，3，4。每两个数字之间一定要用英文逗号分隔。

7）单击 Send。

串口监视器将每个整数写入新行。如果输入的是字母字符，它将被输出成数字 0，因为它是字母数字字符而不是整数。

Serial. readString（）将串口流中的整行作为字符串进行读取。读取结果可以赋给一个字符串变量供以后使用。如果要向 Arduino 发送文本信息，这个方法很好用。但是，它的速度很慢，你会注意到在一行文本发送出去之后，到接收、处理然后变得可用，这期间存在明显的延迟。

5.4.7 Arduino 和树莓派相互通信

你需要知道一点关于串口通信的知识，因为这是我们在树莓派和 Arduino 之间的通信方式。树莓派和 Arduino 的串口通信方式不同。

我没有在第 3 章 Python 中介绍串口，是因为在讨论时会和 Arduino 交织在一起。因此，在完成了所有的 Arduino 编码之后，你可能想跳回第 3 章快速回顾一下 Python。

我已经谈过如何在 Arduino 上打开一个串口连接，树莓派只是稍微复杂一点点。首先，串口通信不是默认框架的一部分，所以我们需要先进行安装。安装之后，我们需要在代码中导入串口库。完成导入后，我们将创建一个串口类的实例，它让我们可以访问所需的方法。

1. 安装 PySerial

串口功能由 PySerial 包提供。使用之前，需要确保在 Python 中安装了这个包。

1）在你的树莓派上，打开一个终端窗口。

2）输入 python-m pip install pyserial。这将安装 PySerial 包（如果之前尚未安装的话）。

3）输入 python。这将在终端内开始一个新的 Python 会话。

4）输入 import serial。这将对 PySerial 版本进行验证。

现在安装好了 PySerial，就可以在程序中使用它了。

要在 Python 中使用串口，我们需要导入库，然后创建一个连接。以下代码片段很有可能会出现在与 Arduino 交互的大多数脚本中：

```
import serial
ser = serial.Serial('/dev/ttyAMC0', 9600)
```

在 Python 中创建串口连接和在 Arduino 上的过程类似。最大的区别是我们将串口对象赋给了一个变量，即本例中的 ser。在初始化调用中，我们提供了 Arduino 所在的端口以及连接时的波特率。再次提示，你要确保与 Arduino 上设置的波特率相匹配。如果这些设置不匹配，即使你接收到数据，也只会是一些奇怪的字符和意料之外的结果。

2. 向树莓派发送数据

与其说是向树莓派发送数据，不如说是树莓派如何接收数据，然后如何处理数据。

在树莓派上接收串口数据的最简单方法是使用串口对象的方法 readLine（）。它从串口流中读取字节，直到到达新的行字符为止。然后读取的字节会被转换成字符串。一行发送的所有数据都将存储在一个字符串中。根据从 Arduino 发送数据的方式，可能需要使用方法 split（）将数据解析为元组。

需要注意的是方法 readLine（）会不断读取串口流，直到接收到新行字符为止。如果你没有从 Arduino 发送一个新行字符，树莓派会继续尝试读取数据。为了防止程序锁定，你可能需要在尝试 readLine（）之前设置好超时间隔。这可以通过在创建连接时添加 timeout 参数来实现。以下代码行将创建带 1s 延时的串口连接：

```
ser = serial.Serial('/dev/ttyAMC0', 9600, timeout=1)
```

我在树莓派和 Arduino 之间发送数据时，喜欢用一系列的逗号分隔值。根据项目的复杂性，我可以直接读取，其中传递的每个值对应一个特定的变量。这样做的好处是非常直接。我所要做的就是将串口流解析为整数，并按顺序将每个整数赋给它们各自的变量，便于以后使用。

在更复杂的项目中，我可以发送成对或一组整数值。解析时，通常第一个整数表示消息用于的功能或设备，第二个整数则是赋予变量的值。

在 Arduino 中，我用几个 Serial. print（）命令写入逗号分隔值，并用一个 Serial. println（）确保代码行正确结束。

在树莓派上，我使用方法 readLine（）将整行捕获为一个字符串，然后使用方法 split（）将字符串解析为元组。可以根据需要将元组进一步解析为单个变量。

为了说明这一点，我们将创建一个简单的程序，它每 500ms 从 Arduino 向树莓派发送一个数字序列。间隔足够短，不会产生超时。

在树莓派上，我们解析这些值并将它们赋予各个变量。这是从 Arduino 向树莓派发送传感器读数的常见用例。

为此，我们必须编写两个程序：一个用于 Arduino，另一个用于树莓派。让我们先从 Arduino 这边开始。

1）在 Arduino IDE 中创建一个新草图。

2）将草图保存为 Arduino_to_Pi_example。

3）输入以下代码：

```
int a = 1;
int b = 2;
int c = 3;

void setup() {
  // 将你的setup 代码置于此处，仅运行一次
  Serial.begin(9600);
}

void loop() {
  // 将你的主代码置于此处，不断重复运行
  while(!Serial){};
  Serial.print(a); Serial.print(",");
  Serial.print(b); Serial.print(",");
  Serial.println(c);

  delay(500);
  a++;
```

```
        b++;
        c++;
    }
```

4）保存草图并上传至 Arduino。

5）在 IDLE 下打开一个新的 Python 文件。

6）将文件保存为 Arduino_to_pi_example. py。

7）输入以下代码：

```
import serial

ser = serial.Serial('/dev/ttyACM0',9600,timeout=1)

while 1:
    val = ser.readline().decode('utf-8')
    parsed = val.split(',')
    parsed = [x.rstrip() for x in parsed]
    if(len(parsed) > 2):
        print(parsed)
        a = int(int(parsed[0]+'0')/10)
        b = int(int(parsed[1]+'0')/10)
        c = int(int(parsed[2]+'0')/10)
    print(a)
    print(b)
    print(c)
    print(a+b+c)
```

8）保存并运行文件。

在 IDLE shell 窗口中，你应该看到类似于以下内容的输出：

```
['1','2','3']
1
2
3
6
```

我们在这里使用了一些 Python 技巧，一起来回顾一下。

首先，我们导入了串行库，然后打开了一个串口连接。打开连接后，就进入了无限 while 循环。在那之后，我引入了一些新的元素，一会儿我会介绍它们。

```
val = ser.readline().decode('utf-8')
```

我们从串口流中读取下一行。但是，此字符串获取时是作为字节形式的，其工作方式与标准字符串不同。为了便于使用，我们使用方法 decode（）将字符串从字节字符串转换为标准字符串。这让我们可以使用 string 类的方法来处理字符串行。

```
parsed = val.split(',')
```

接下来，我们将字符串解析为一个列表。由于我们在 Arduino 中使用逗号将数字分开，所以要将逗号传入方法 split（）。但是，现在列表中的最后一个元素包含了行尾字符/n/r，这些字符我们并不需要。

```
parsed = [x.rstrip() for x in parsed]
```

这行代码将重建解析后的列表，而不包含额外的字符。方法 rstrip（）的作用是删除字符串右侧的空白。因此，这行代码所做的是循环遍历列表的每个成员，并对其应用方法 rstrip（）。最后，我们只剩下一个字符串数字列表。

```
if(len(parsed) > 2):
```

两个板之间的串口通信要面对的一个挑战是包丢失的问题。当我们重置 Arduino 时，这种情况尤其普遍，每次我们建立新的串口连接时都会发生这种情况。这种丢失会导致串口字符串中缺少字符。

为了在脚本中克服这个问题，我们会测试列表的长度。

函数 len（）的作用是返回列表中的成员数。因为我们知道列表中至少需要包含 3 个数字，所以我们只希望在这个条件为真的情况下，才运行后面的代码。

```
 print(parsed)
```

这一行只是将解析后的列表输出到 shell 窗口。

```
a = int(int(parsed[0]+'0')/10)
b = int(int(parsed[1]+'0')/10)
c = int(int(parsed[2]+'0')/10)
```

Python 技巧的最后一部分运用在我们将值赋给它们各自的变量时，这几行代码同时包含了字符串操作和数字操作。

要想搞清楚发生了什么，必须从中间开始看起，我们在每个列表成员的末尾添加了'0'字符。之所以这样做，是因为尽管我们之前做了努力，但是列表中可能仍然有空字符串。空字符串无法转换为整数，从而导致代码无法编译。通过加上 0，我们可以保证那里有一个实际值。

然后将该字符串转换为整数。但是这个整数现在在末尾加了一个 0，使 1 变成了 10，依此类推。为了对此进行调整，我们将这个数字除以 10，这样就产生了一个浮点数。因为我们要的是整数，所以必须将最终结果转换为整数。

代码的最后一部分只是将每个变量的值输出至 shell 窗口。最后一行用来证明我们处理的是整数而不是字符串。

3. 向 Arduino 发送数据

对于 Arduino 来说，向 Arduino 发送数据是一件相当简单的事情。不过，Python 涉及的内容会更多一些。使用与前面相同的场景，我们需要将值放入一个元组，然后使用 join（）方法将元组中的值合并为单个字符串，最后将该字符串写入串口连接。

在 Arduino 上，我们要做的就是再一次使用 parseInt（）将字符串分成 3 个独立的整数。

在这个练习中，我们将向 Arduino 发送 3 个整数。在现实世界中，这些数字可能代表 LED 的颜色或亮度，或者是伺服的角度。然而，由于我们不能使用串口监视器，所以很难验证 Arduino 侧发生了什么。为了克服这个问题，我们将要求 Arduino 将整数相加，然后把结果返回给树莓派。这意味着两个板都在读写串口流。

这次我们还是先从 Arduino 这边开始。

1）在 Arduino IDE 中打开新草图。

2）将草图保存为 roundtrip_example。

3）输入以下代码：

```
int a = 0;
int b = 0;
int c = 0;
int d = 0;

void setup() {
  // 将你的setup代码置于此处，仅运行一次
  Serial.begin(9600);
}

void loop() {
  // 将你的主代码置于此处，不断重复运行
  while(!Serial){}
  if(Serial.available()>0){
    a = Serial.parseInt();
    b = Serial.parseInt();
    c = Serial.parseInt();
  }

  d = a+b+c;
  Serial.print(a); Serial.print(",");
  Serial.print(b); Serial.print(",");
  Serial.print(c); Serial.print(",");
```

```
Serial.println(d);

//delay(500);
}
```

4）保存草图并上传至 Arduino。

5）在 IDLE 中打开一个新的 Python 文件。

6）将文件保存为 roundtrip_example.py。

7）输入以下代码：

```
import serial
import time

ser = serial.Serial('/dev/ttyACM0',9600,timeout=1)
a = 1
b = 2
c = 3

while 1:
    valList = [str(a),str(b),str(c)]
    sendStr = ','.join(valList)

    print(sendStr)

    ser.write(sendStr.encode('utf-8'))

    time.sleep(0.1)

    recStr = ser.readline().decode('utf-8')
    print(recStr)

    a = a+1
    b = b+1
    c = c+1
```

8）保存并运行文件。

在 Python shell 窗口中，你应该看到如下输出：

```
1,2,3
1,2,3,6
```

输出会继续增加，直到你停止程序。

这里有一些新的元素，但是，在很大程度上，它和我们以前做的没什么不同。让我们来看看这些新元素。

第一个区别是我们导入了 time 库，这个库提供了很多与时间相关的功能。在本练习中，我们主要关注一下函数 sleep（），该函数的作用是在给定的时间内暂停处理。正如你在代码中看到的，我们希望暂停处理 0.5s。这为串口流的两边提供了处理缓冲区的时间。如果注释掉这一行并再次运行程序，你将得到一些有趣的结果。你可以试试看。

```
valList = [str(a),str(b),str(c)]
```

这里我们把变量放入一个列表中。在下一步当我们将元素连接成单个字符串时，整数必须是字符串格式。所以，我们要先进行转换。

```
sendStr = ','.join(valList)
```

接下来，我们使用 String 类的方法 join（）将列表转换为字符串。注意方法 join（）是如何附加到"，"字符串上的。join 是 String 类的方法，而不是 List 类的方法，因此必须从一个字符串那里调用它。由于实际上是在列表上操作的，而不是在字符串上，因此必须提供一个字符串才能使其工作。在本例中，提供的字符串是你希望在列表的每个成员之间使用的分隔符。它可以是任何字符，但要使 parseInt（）在 Arduino 端工作，该字符必须是非字母数字字符。

```
ser.write(sendStr.encode('utf-8'))
```

另一个需要注意的区别是我们在哪里使用方法 write（）将数据发送到 Arduino，其工作方式和 Arduino 中的方法 Serial. println（）类似，最大的区别在于发送字符串之前必须对其进行编码。

5.5　Pinguino

人们通常会连接一个或多个传感器来检测机器人周围的世界。在下一个练习中，我们将在 Arduino 上安装 HC-SR04 超声波测距传感器，并将距离信息以串口字符串形式发送回树莓派。为此，我们需要打开两块板之间的串口连接。Arduino 触发传感器，然后像我们之前讨论过的那样，读取返回的脉冲。我们将计算出距离，然后将结果发送给树莓派。

在树莓派端，我们只需要一个程序，用于监听串口，然后输出从 Arduino 读取到的任何内容。

5.5.1　设置电路

设置电路再容易不过了。事实上，我们连面包板都不用。我们将把传感器直接连接到 Arduino 插头上（见图 5-9）。

1）将 VCC 连接至 Arduino 上的 5V 引脚。

2）将 GND 连接至 Arduino 上的其中一个 GND 引脚。哪一个无关紧要，但要注意 5V 引脚有两个相邻的 GND 引脚。

3）将 TRIG 连接至 Arduino 上的 pin7。

4）将 ECHO 连接至 Arduino 上的 pin8。

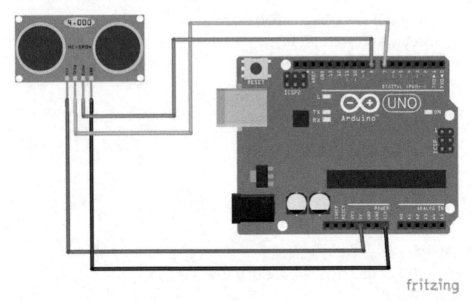

图 5-9　Pinguino 练习电路布局

1. 代码

我们需要为两个板子编写代码，以使其正常工作。在 Arduino 上，我们触发超声波传感器并获取返回的信号。然后我们将其转换为单位为 cm 的值并将其输出到串口上。

树莓派从串口读取文本，然后将结果输出到 Python shell 窗口中。

（1）Arduino

1）打开新的草图窗口并将其保存为 serial_test。

2）输入以下代码：

```
int trig = 7;
int echo = 8;
int duration = 0;
int distance = 0;

void setup() {
        Serial.begin(9600);
        pinMode(trig, OUTPUT);
        pinMode(echo, INPUT);

        digitalWrite(trig,LOW);
```

```
}

void loop() {
        digitalWrite(trig, HIGH);
        delayMicroseconds(10);
        digitalWrite(trig, LOW);

        duration = pulseIn(echo, HIGH);
        distance = duration/58.2;

        Serial.write(distance);

        delay(500);
}
```

保存草图并上传至 Arduino。

（2）树莓派

1）打开一个新的 IDLE 文件并将其保存为 serial_test. py。

2）输入以下代码：

```
import serial
import time

ser = serial.Serial('/dev/ttyAMC0', 9600)

while 1:
        recSer = ser.readline().decode('utf-8')
        recSer.rstrip()

        distance = int(recSer + '0')/10

        print("Distance: " + str(distance) + "cm        ",
        end = '\r')
        time.sleep(0.5)
```

3）保存并运行文件。

现在你应该可以在 Python shell 窗口中看到以 cm 为单位的距离文本了。

此代码输出的是单个超声波传感器的结果。实际上，你的机器人应该装有 3 个或更多指向不同角度的传感器。原因是，障碍物在机器人的正前方时超声波传感器工作效果最好。如果机器人以一定角度接近墙壁或其他障碍物，声音反射后将无法返回传感器。安装多个不同角度的传感器，可以让机器人探测到不在其正前方的障碍物。

5.6 小结

将 Arduino 添加到树莓派将为你提供更广泛的可能性。比起单独使用树莓派，你将能够添加更多的传感器和 LED。其中的一个好处是增加了模拟输入的数量、更多的 PWM 输出，以及更多的数字输出。

Arduino 编程非常简单。如果你熟悉 C 或 C + +，那么对于 Arduino 编程应该很容易就能熟悉起来。但是，记住 Arduino 和 Python 之间的区别是非常重要的。

Python 中每一行末尾不需要使用结束字符，但是 Arduino 在每一行都要使用分号结尾。在编写条件语句和循环语句时会涉及更多的语法差异。代码块包含在大括号中。缩进在 Arduino 中并不重要，但在 Python 中如果没有正确缩进，程序将无法编译。

尽管存在这些差异，但有些事情在 Arduino 中更容易做。串口通信不需要太多的设置，而且串口命令是核心 Arduino 库中的一部分。在 Python 中，必须先导入串口库。两者都使得写入串口操作变得相当简单。然而，Python 需要进行 utf-8 编码和解码才能正常使用。此外，Arduino 使用方法 parseInt（）可以轻松地解析串口流中的一行数字。在 Python 中，从字符串中提取数字需要一些更为精细的操作。

当你使用 Arduino 工作时，别忘了它拥有极棒的社区支持。几乎所有东西其他人都做过，并且做了详细记录。还要记住，在 IDE 中的示例代码是一笔宝贵财富，要好好利用它们。当你为更多的设备添加更多的库时，你会发现有更多的示例草图可以为你提供帮助。

第6章

驱动电动机

在第 4 章中，我们使用树莓派的 GPIO 引脚来控制 LED，然后还接收了从超声波测距传感器返回的信息。在第 5 章中，我们研究了 Arduino 并讨论了为什么它是通用 GPIO 功能的更好选择。我们将超声波测距传感器和 LED 连接到 Arduino 上，并学习了如何在两块板之间传递数据。

但这并不意味着我们已经学习完了树莓派的 GPIO。在本章中，我们将继续使用 GPIO 引脚连接到一个称为电动机驱动器的板上，该板用于与直流电动机和步进电动机进行交互。我会介绍一些不同类型的电动机，并讨论什么是电动机控制器，以及为什么它在我们的工作中那么重要。

我们将会把直流电动机连接到电动机控制器上，然后再编写一个程序让它们转起来。作为示例程序的一部分，我们将了解如何控制电动机的转速和转向。我们还将了解为后面项目专门选择的特定电动机控制器的一些特性。

你选择的电动机控制器可能和我们建议的并不相同，因此我们还将研究一个常见的替代方案：L298N 电动机控制器。该控制器可从许多制造商处获得，它被设计为连接至位于其核心的 L298N H 桥控制器芯片。但是因为这些电路板依赖 PWM 信号来设置转速，所以我们必须通过 Arduino 来连接它。在本章的结尾我会把这些都讲一遍。

在本章结束时，你将拥有制造机器人所需的最后一个组件：运动能力。在第 7 章中，我们将把所有部件和底盘套件结合在一起，以让机器人移动起来。

6.1 电动机和控制器

在继续讨论电动机控制器之前，我们先花点时间看看要控制的是什么东西。我们使用的驱动器是为简单直流电动机设计的,虽然它也可以用来驱动步进电动机。我们在本节一起看看电动机和控制器。

6.1.1 电动机类型

电动机能把电能转换成机械能。有许多不同类型的电动机,它们几乎能为所有可移动的东西提供动力。电动机中最常见的类型是简单直流电动机,它甚至被用于许多其他类型的电动机中。例如,在伺服电动机这一装置中就嵌入了一个带电位计的直流电动机,其他反馈装置以及控制精确运动(无论是角度上还是方向上的运动)的齿轮装置也是如此。其他类型的电动机包括步进电动机,它使用电脉冲来控制非常精确的运动;还有无铁心电动机,它重新排列了直流电动机中的典型部件,提高了电动机效率。

1. 直流电动机

直流电动机由位于磁场中的一系列线圈等部分组成,这些线圈是围绕中心轴排列和连接的。当线圈通上电之后,会使所有线圈围绕着它们的公共轴开始旋转。当轴和线圈旋转时,与轴上的换向器接触的电刷保持电气连接。轴从总成中伸出,和配套的机械连接以利用旋转力进行工作。图6-1所示为一个直流电动机的原理示意图。

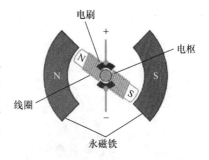

图6-1　直流电动机原理示意图

你通常会发现这些电动机会连接在齿轮箱、皮带或链条上,因为单独一台直流电动机可以产生多种转速,通过这种方式可以牺牲转速来放大电动机的转矩。

我们使用的电动机就是这种类型,它们是连接到齿轮箱的简单直流电动机。

2. 无刷电动机

另一种类型的电动机旋转的是永磁铁,线圈保持不动。线圈一上电,永磁铁会围绕圈的公共轴开始旋转(见图6-2)。这样就不需要电刷了,所以被称为无刷电动机。

在业余爱好者的世界里,无刷电动机最常与多旋翼无人机联系在一起。它们还广泛应用在其他需要高速和高效率的领域,如计算机数控(Computer Numerical Controlled,CNC)机床主轴。你可能熟悉Dremel工具或Router,这两种设备都是轴类设备,并且使用的都是无刷电动机。

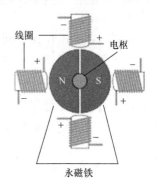

图6-2　无刷电动机原理示意图

3. 步进电动机

步进电动机使用多个线圈(见图6-3),它将一个完整的旋转分成多个步骤。通过操纵,可以使电动机移动到某一步并保持住位置。这使得这些电动机非常适用于有限状态控制的应用，如数控机床、3D 打印机和机器人。

4. 伺服电动机

伺服电动机能够移动到一个特定角度并保持这个位置。它们通常在任一方向上的最大旋转角度为 45°~90°，这是通过将电位计连接到最终输出齿轮来实现的。电位计向内部控制板提供反馈。当伺服电动机接收到信号（信号通常是 PWM 形式）时，电动机产生旋转直到电位计和信号两者平衡。

图 6-4 显示了一个典型的通用伺服电动机。

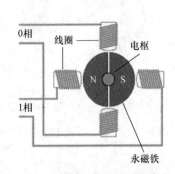

图 6-3　步进电动机原理示意图　　　　　　图 6-4　通用伺服电动机

不带限位器和电位器的伺服装置被称为连续旋转伺服装置。它们用于需要转矩的应用场合。许多机器人是由连续旋转伺服电动机驱动的。

这是一种爱好使另一种爱好受益的例子。通用伺服电动机最初是用于业余遥控飞机。由于大多数爱好者买不起昂贵的设备来控制他们的飞机，所以他们想出了如何使价格大幅下降的办法。当然，这对我们机器人爱好者也大有益处。

6.1.2　电动机特性

对于本项目中的电动机，有几件事需要记住。最重要的是电动机的电气性能，特别是电压和电流特性。

1. 伏特

你对伏特（V）已经有所了解了，伏特是操作设备所需的电压的单位。树莓派由 5V 电压供电，但运行电压为 3.3V。Arduino 的运行电压为 5V，由树莓派上的 USB 端口进行供电。我们用的电动机的运行电压是 6V 的。分清这些电压非常重要。如果给一个运行电压为 3.3V 的设备加上 5V 的电压，可能会损坏设备。

有专门设计用来帮助管理项目中电压的设备——电压调节器。电压调节器（升压或降压）能够保持恒定电压。普通的 7805 5V 调节器输入 6~12V 电压，会将电压转换为 5V。多余的能量以发热的形式消散，所以设备会变得很烫。

不过电压调节器对于电压源很有用，但是对于转换设备中的 5V 和 3.3V 几乎没用。为此，我们使用一个逻辑电平转换器，它需要来自两个设备的参考电压，以安全地在设备之间转换电压。

现在，你已经了解了设备上不同的电压需求。接下来，我们看看电流。

2. 安培

安培（A）是电流的单位，在电子学领域，通常是以毫安（mA）为单位进行测量的。例如，部分设备的 USB 端口的电流限制为 800mA。这恰好与我们选择的电动机相同，但是它并没有考虑峰值情况。

设备使用你提供的电压，从来不会尝试去消耗更多。电流正好相反，设备对电流非常"渴望"，它会不断地"吸取"它所需要的电流，直到满足它的工作需求为止，或者超过安全工作的最大电流为止。

组件和设备有一定的工作功率，它们也有一个可承受的最大功率。因为额外的电能会被转换成热能，如果超出了设备的最大容许电流，它会发热过多直至损坏。

这就是说，要"时刻注意你的工作电流"，并且这不仅仅适用于电动机。

3. 电动机和电流

电动机是众所周知的耗电设备，它们一直在努力实现自己的目标——旋转。当电动机上没有负载时，它会在最小电流消耗下"轻松地"旋转。然而，随着负载的增加，电动机会消耗越来越多的电流，直到它所能吸收的最大值为止。

当电动机起动、快速改变转向或遇到旋转阻力过大时，其消耗的功率会急剧增加。如果这种突然的消耗对电源来说过大，有些东西就会损坏。让我们拿一个输出电流为 800mA 的设备，比如一个 USB 插孔来说，如果电动机突然消耗 1A 或更大的电流，USB 插孔很可能会损坏。

6.1.3 电动机控制器

大多数微控制器、微处理器和电子设备只能处理较小电流。如果通过的电流过大，设备就会烧坏。因为电动机通常很容易超过这个最大电流，所以通常不希望将任何大尺寸的电动机直接连接到处理器上。所以，我们将使用一种叫作电动机控制器的装置。

电动机控制器使用来自微控制器的低功率信号来控制更大的电流或电压。在我们的例子中，电动机控制器使用来自 GPIO 引脚的 3.3V 来控制 6V 的电压。通过一系列具有更大电流容限（1200mA）的元器件来实现这一点，并且可以处理高达 3A（3000mA）的短暂尖峰电流。

6.2 使用电动机控制器

我们来看看两种电动机控制器。第一种是 Adafruit 公司的直流和步进电动机控制器 HAT。这种控制器是专门设计用来安装在树莓派上的。既实用又方便让它成为我的项目首选。

另一种电动机控制器是 L298N，它是一个 H 桥集成电路。虽然 L298N 实际上是一个芯片，但有许多制造商以它为基础制作出一个使用便利的扩展板。当有人提到 L298N 电动机控制器时，通常指的是这种类型的扩展板。本书中使用的是一个通用版本，我在亚马逊上花了 5 美元购买的，不过我的一些朋友说我买贵了。

6.2.1 Adafruit 直流和步进电动机控制器 HAT

本项目中的电动机驱动程序来自于 Adafruit，可在链接 www.adafruit.com/products/2348 获取到。有关它如何使用的详细信息，请访问链接 https://learn.adafruit.com/adafruit-dc-and-stepper-motor-hat-for-raspberry-pi。事实上，我们要讨论的大部分内容都来自 Adafruit 这个网站。

我们为机器人选择这个设备有几个原因，其中最重要的一个原因是它可以直接安装在树莓派上，从而节省了在机器人上安装电子设备所需的空间。你很快就会知道，安装空间对大多数机器人来说都是非常宝贵的，尤其是如果你想让机器人保持相当紧凑的话。以下是使用此板的一些其他原因：

- 最多可控制 4 台直流电动机或 2 台步进电动机。
- 通过 I^2C 串口通道进行通信，这样可以堆叠多个设备（这就是为什么我们在插头上使用较长的引脚的原因）。
- 因为它使用 I^2C，并有专用 PWM 模块来控制电动机，所以我们不必依赖树莓派上的 PWM。
- 它有 4 个 H 桥电动机控制电路，电流为 1.2A，峰值电流为 3A，并具有热关机功能，内部保护二极管可保护电路板。
- 具有 4 个双向电动机控制和 8 位转速控制（0 ~ 255）能力。
- 使用接线板可轻松连接。
- 有现成的 Python 库。

1. 动手装配

电路板是以套件形式提供的，还需要焊接一下。如果你还没有这样做，就需要在继续项目之前将其组装起来。请记住，我们另外准备了较长引脚的插头，因此无须使用套件中附带的引脚。

是时候来点焊接练习了！

有很多小引脚（其中40个）需要焊接。如果你不熟悉焊接，则需要花点时间来学习一下。虽然这非常容易，但是焊接教学已经超出了本书的范围。网上有许多有用的视频。我也强烈建议你找一找当地的创客空间，那里肯定有人能给你帮助。图6-5显示的是我的简单焊接装备。

图 6-5 准备组装电动机控制器 HAT

虽然需要焊接，但是组装电动机控制器 HAT 非常简单。你可以在 Adafruit 网站上找到详细的组装说明（参见链接 https://learn.adafruit.com/adafruit-dc-and-stepper-motor-hat-for-raspberry-pi/assembly）。

对于这个练习，你需要一把电烙铁和一些焊料。我建议手边放些助焊剂，以及一些保持焊头清洁的东西。以前在学校时，我们用湿海绵清洁焊头，但现在有更好的材料来替代。你的树莓派也会对你有所帮助。

1）将扩展插头安装到树莓派的40针插头上（见图6-6）。这有助于你焊接时保持稳定。

2）将电动机控制器 HAT 电路板安装到插头上（见图6-7）。为了帮助保持板在焊接时有一个更好的角度，你可能会想拿东西把另一边垫起来，其中有一个接线板就很合适。

图 6-6　树莓派 40 针 GPIO 的扩展插头

图 6-7　装在插头上的电路板

3）焊接第一个引脚。

4）第一个引脚焊接好之后，再把它加热一次并把板调整到合适位置（见图 6-8）。引脚的焊料冷却后，当你焊接其他引脚时，板可以保持在一个合适的角度。如果你用接线板或其他东西支撑电路板，使电路板保持平直，则可以跳过此步骤。

5）焊接第一行的其余引脚（见图 6-9）。焊点要尽量做到饱满、干净和有光泽。

6）将板旋转 180°，焊接第二行引脚（见图 6-10）。

图 6-8　调整板的位置和角度

图 6-9　焊接第一行引脚

7）从树莓派上取下电动机控制器 HAT。

8）将螺钉接线端子模块安装到板上（见图 6-11）。

9）翻转电路板时，用胶带将接线端子模块固定住（见图 6-12）。

10）将接线端子焊接到位（见图 6-13）。

把胶带取下来，工作就完成了。电动机控制器 HAT 已经可以使用了。将电动机控制器 HAT 安装在树莓派上，你需要用接线端子来支撑住侧面，这样它就不会在 HDMI 外壳上短

图 6-10　转动一下树莓派，然后焊接剩下的引脚

图 6-11　向电路板添加接线端子模块

路了（见图 6-14）。

2. 连接电动机控制器

连接电动机控制器 HAT 相当简单，只需将板安装在树莓派的 GPIO 插头上。不过，有几件事需要注意。首先，小心不要弯曲树莓派或电动机控制器 HAT 上的任何引脚。引脚很容易弯曲，电动机控制器 HAT 上的插头引脚尤其如此。

你还需要注意不要短接接线端子。你会注意到，在安装过程中，焊点非常接近 HDMI 连

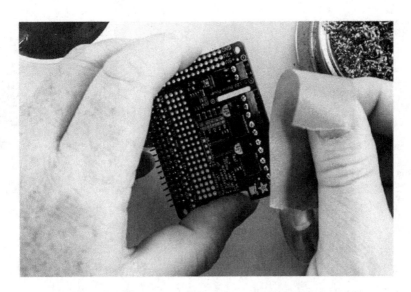

图 6-12　当转过来焊接接线端子时，用胶带使其保持在板上

图 6-13　焊接端子引脚

接的金属外壳（见图 6-15）。有两种简单的解决方法。第一个解决方案（在可以应用第二个解决方案之前，这是我们在工作间中要使用的方案）是简单地在树莓派的 micro USB 和 HD-MI 连接器的金属外壳上放置一块电工胶带。第二个方案（推荐使用）是把电动机控制器 HAT 的那一侧支撑起来以获得更大空间。垫片和螺钉也能解决问题。关键是你不要让电路板与外壳接触到，因为一旦有接触，就可能引发一场短暂的"灯光展"，并让电动机控制器 HAT 和树莓派发生损坏。

图 6-14 安装在树莓派上的完整板，其中支撑条是 3D 打印产品

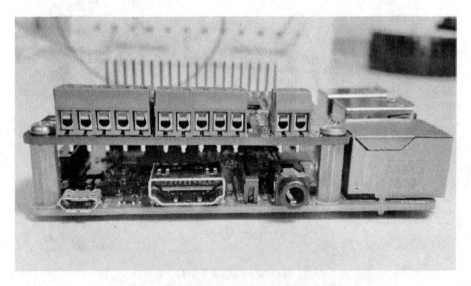

图 6-15 装在树莓派上的 Adafruit 电动机控制器 HAT

一旦电路板安装好，并采取安全的绝缘措施以避免短路之后，就应该可以连接电动机了。在第一个教程中，我们只使用了一台电动机。而第二段代码控制两台电动机，所以最好现在就把它们连接起来。

但在连接电机之前，必须先把它们准备好。现在，如果你的电动机带有导线，那你就已经领先一步了。如果没有，你需要在电动机上焊接导线，如图 6-16 所示。我倾向于使用大小合适的黑色和红色导线来处理这些电动机。我还想确保每台电动机上的导线都一致（黑线连接到每台电动机的同一极，红线也连接到每台电动机的同一极）。这样在后期就不必再去猜测导线之间如何连接了。

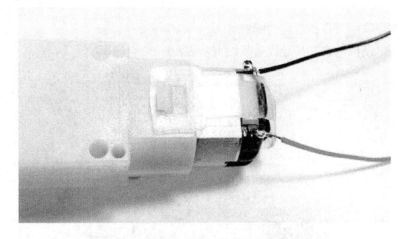

图6-16　焊接至电动机接线端子上的导线

在这种情况下，我使用的是26AWG绞合导线。通常有两种类型的导线：绞合导线和实心导线。实心导线更硬，非常适合用作跳线，或是不常移动的场合。多股绞合导线是由多条较细的导线封装在一个护套中组成的。对于可能会有移动的应用场合，它更加灵活、更加理想。绞合导线较难处理，插入接线板的端部应镀锡或涂上焊料（见图6-17）。这会使端部变得坚硬，并且在接线端子中可以更好连接。

图6-17　镀锡导线

接下来的步骤是将电动机连接至接线板。

1）确保接线板处于打开状态，将接线板内的螺钉一直拧到最顶部即可。确保不要拆下螺钉。你需要用一把很好的十字螺丝刀。

2）将一条镀锡导线插入标有 M1 的接线板侧面的孔中（见图 6-18）。哪条线连接到哪个端口并不重要，只要两条线都连接到同一个驱动器的不同端口上（在本例中是 M1）即可。

3）拧紧与导线插入孔相对应的螺钉。

4）对来自电动机的第二条导线重复以上步骤。

图 6-18　连接至电动机控制器 HAT 上的电动机

此时，如果你有这样的想法，可以现在就以同样方式连接第二台电动机。我倾向于调换导线连接的极性，因为它们用于机器人的另一侧。我们希望发送一个前进命令，使左侧电动机朝一个方向转动，而右侧电动机朝另一个方向转动。如果它们都向同一个方向上转动，那么机器人就会在原地打转。

4 节 AA 电池组成的电池组连接至电源端子时也要重复此步骤。确保红色导线连接至正极（＋），黑色导线连接至负极（－）（见图 6-19）。

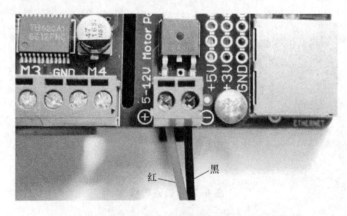

图 6-19　连接至电动机控制器 HAT 的外部电池组

你的电路板和电动机看起来应该类似于图 6-20。当电动机和电池组都连接好后，就可以开始编码了！

图 6-20 完成连接后的电动机控制器 HAT

3. 使用电动机控制器 HAT

现在，电动机控制器 HAT 安装好了，电动机和电动机电源也连接好了，是时候启动树莓派并登录了。

（1）安装库 启动并连接到树莓派之后，需要为电动机控制器 HAT 安装 Python 库。这些库可以从 Adafruit GitHub 站点获得，操作如下所示：

1）打开终端窗口。

2）导航至 Python 代码目录。在我的例子中，目录是 TRG-RasPi_Robot。

3）输入以下内容：

```
git clone https://github.com/adafruit/Adafruit-Motor-
HAT-Python-Library.git
cd Adafruit-Motor-HAT-Python-Library
```

4）安装 Python 开发库。

```
sudo apt-get install python-dev
```

5）安装电动机控制器 HAT 库。

```
sudo python setup.py install
```

此时，你的树莓派将会更新必要的库，下面开始编写代码。

（2）代码 在开始编码之前，有一个简短却重要的注意事项。在之前，我们几乎一直在使用 Python 3。在本节内容中，我们将使用 Python 2.7。这是因为 Adafruit 提供的默认库使用的是 Python 2.7。可能有 Python 3.x 库，但是在本节内容中我们将使用默认库。

正如你在先前的讨论中所发现的，无论何时使用 GPIO 引脚，你都需要以超级用户（sudo）的身份运行代码。有几种方法可以做到这一点。一种方法是保存 Python 代码，生成可执行文件，然后用 sudo 运行程序。这是将来运行代码的正确方法。我们在这次讨论中走的是捷径。我们将在命令行使用 sudo 启动 IDLE IDE，这将使从 IDLE 实例中运行的任何程序都以 sudo 运行。

转动单台电动机

1）打开一个终端窗口。你可以使用安装时使用的那个，但是只要打开 IDLE，这个终端窗口就会被锁定。

2）输入 sudo idle。

3）在 IDLE IDE 中，创建一个新文件并将其保存为 motors.py。

4）输入以下代码：

```
from Adafruit_MotorHAT import Adafruit_MotorHAT as amhat
from Adafruit_MotorHAT import Adafruit_DCMotor as adcm

import time

# 新建一个电动机对象
mh = amhat(addr=0x60)
myMotor = mh.getMotor(1)

# 设置起始转速
myMotor.setSpeed(150)

while True:
    # 设置转向
    myMotor.run(amhat.FORWARD)

    # 等待1s
    time.sleep(1)

    # 停止电动机
    myMotor.run(amhat.RELEASE)

    # 等待1s
    time.sleep(1)
```

5）保存文件。

6）按 F5 键运行程序。

让我们看一看代码。

首先从 Adafruit_MotorHAT 库导入我们需要的对象，并为它们指定别名，这样就不必每次使用它们时都写出完整的名称了。我们还为稍后的代码中的延迟导入了 time 库。

```
from Adafruit_MotorHAT import Adafruit_MotorHAT as amhat
from Adafruit_MotorHAT import Adafruit_DCMotor as adcm

import time
```

接下来，创建一个 motor 对象的实例。为此，我们告诉 Python 我们正在使用位于默认 I^2C 地址 0x60 的电动机控制器 HAT。然后为附加到 M1 或 motor1 的电动机创建一个 motor 对象。这使我们可以访问 motor 的方法和属性。

```
mh = amhat(addr=0x60)
myMotor = mh.getMotor(1)
```

对于本程序，在打开电动机之前，将起动转速设置为略高于一半的转速。

```
myMotor.setSpeed(150)
```

现在我们将电动机驱动代码的其余部分打包到 while 循环中。

只要条件值为 True，此代码将继续执行。

```
while True:
```

驱动电动机的代码非常简单。我们设置电动机向前转 1s，然后停 1s。程序一直这样运行，代码如下：

```
# 设置转向
myMotor.run(amhat.FORWARD)

# 等待1s
time.sleep(1)

# 停止电动机
myMotor.run(amhat.RELEASE)

# 等待1s
time.sleep(1)
```

在键盘上按下 Ctrl + C 键。

注意，虽然程序结束了，但电动机会继续转动。那是因为电动机控制器 HAT 是独立运行的。这意味着控制器会继续执行从树莓派接收到的最后一个命令。如果我们不让它停止，它就不会自动停止。

现在我们要做一些有趣的事情，一些我们以前从来没有做过的事情。我们将把电动机驱动代码打包到一个 try/except 块中。这段代码允许我们捕获发生的任何错误，然后优雅地处理它们。

在这种特殊情况下，我们将使用 try/except 块来捕获 KeyboardInterrupt 事件。使用 Ctrl + C键退出程序时会触发此事件。

1）将 while 循环的代码修改为

```
try:
    while True:
        # 设置转向
        myMotor.run(amhat.FORWARD)

        # 等待1s
        time.sleep(1)

        # 停止电动机
        myMotor.run(amhat.RELEASE)

        # 等待1s
        time.sleep(1)

except KeyboardInterrupt:
    myMotor.run(amhat.RELEASE)
```

2）运行程序。

3）让它运行一会儿，然后按 Ctrl + C 键。

现在，程序退出时，电动机将停止运行。

Python 捕获 KeyboardInterrupt 事件并在程序退出之前执行最后一行代码。代码释放电动机，并将其关闭。

转动两台电动机

转动单独的一台电动机实现得非常棒，但我们的机器人有两台电动机，我们希望它们独立运行，还希望能够改变它们的转速和转向。

要操作多台电动机，只需为每台电动机创建 motor 对象的不同实例。假设你先前已经连接好了两台电动机，我们将创建两台电动机并向每台电动机单独发送命令，还可以同时改变电动机的转速和转向，操作如下所示：

1）在 IDLE 中新建一个 Python 文件。

2）将文件保存为 two_motors. py。

3）输入以下代码：

```
from Adafruit_MotorHAT import Adafruit_MotorHAT as
amhat, Adafruit_DCMotor as adcm

import time

# 新建两个motor对象
mh = amhat(addr=0x60)
```

```python
motor1 = mh.getMotor(1)
motor2 = mh.getMotor(2)

# 设置起始转速
motor1.setSpeed(0)
motor2.setSpeed(0)

# 转向变量
direction = 0

# 各种动作放在 try 循环中
try:
    while True:
        # 如果 direction = 1 ，则 motor1 前进、 motor2 后退
        # 否则，motor1 后退、 motor2 前进

if direction == 0:
    motor1.run(amhat.FORWARD)
    motor2.run(amhat.BACKWARD)
else:
    motor1.run(amhat.BACKWARD)
    motor2.run(amhat.FORWARD)
# 从 1 至 255 逐渐提速
for i in range(255):
    j = 255-i

    motor1.setSpeed(i)
    motor2.setSpeed(j)

    time.sleep(0.01)

# 从 255 至 1 逐渐减速
for i in reversed(range(255)):
    j = 255-i

    motor1.setSpeed(i)
    motor2.setSpeed(j)

    time.sleep(0.01)
```

```
# 等待0.5s
time.sleep(0.5)

# 改变转向
if direction == 0:
    direction = 1
else:
    direction = 0
# 在按下ctrl+c键时停止电机并退出程序
except KeyboardInterrupt:
    motor1.run(amhat.RELEASE)
    motor2.run(amhat.RELEASE)
```

4）保存文件。

5）按 F5 运行程序。

大部分代码是相同的。添加了一些 for 循环，使计数先递增至 255，然后再递减。创建了两个变量来保存这个值；第二个变量通过从 255 减去第一个变量来反转这个值。我们还有一个变量用来跟踪电动机的转动方向。一旦两台电动机都加速后又减速，就改变转向，然后再从头开始执行代码。我们使用和以前一样的代码退出程序。

6.2.2　L298N 通用电动机控制器

L298N 是一种常见的 H 桥电动机控制器芯片。一些制造商将芯片安装在一块板上，并添加了所有必要的支持电子设备，最终的结果是产生了一个流行的通用电动机控制器。

1. H 桥电动机控制器

H 桥电动机控制器会是你遇到的最常见的电动机控制器。它的名字来源于在原理图中看到的独特 H 形状。H 桥基本上由 4 个门组成，它们控制通过电动机的电流。通过门的开启和关闭，可以控制电动机的旋转方向。

在 L298N 上，有 2 个使能引脚（每台电动机 1 个）和 4 个输入引脚。in1 和 in2 引脚控制 motor1，in3 和 in4 引脚控制 motor2。图 6-21 显示了门的布置方式，in1 控制 S1 和 S4，in2 控制 S3 和 S2。当 in1 或 in2 为高时，它们各自的门会关闭。当它们为低的时候，门就会打开。

当 in1 高、in2 低时，电流使电动机顺时针旋转。如果 in1 低、in2 高，则电动机逆时针旋转。如果两个引脚都为高，电动机不会旋转，基本上处于停止状态。如果两个引脚都为低，则没有电流流过电动机，电动机会自由旋转。

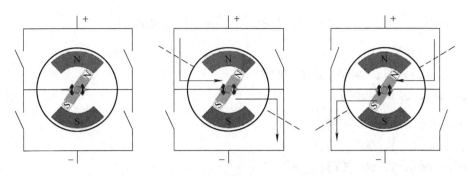

图 6-21 H 桥电动机控制器原理

最后是 enA 和 enB，它们是用于设置电动机转速的使能引脚。这就是为什么在这些引脚上使用 PWM 的原因。PWM 允许我们改变每台电动机的转速。如果使用一个标准的数字引脚，也可以起动和停止电动机，但它只能是满功率或无功率两种状态。而 PWM 允许我们对电动机进行更多的控制。

2. 使用 L298N

有几种使用 L298N 的方法，每种方法都各有其优缺点。一种方法是将引脚连接至树莓派，其优点是直接由树莓派控制。缺点是你可能需要使用一个逻辑电平转换器，因为树莓派的引脚是 3.3V，而控制器是 5V。而且，你还失去了控制转速的能力。转速控制需要 PWM，正如我在前面章节中讨论的，这是树莓派所不具备的。

我喜欢通过 Arduino 来连接 L298N。这样，你就可以通过 PWM 来控制转速。另外，由于 Arduino 和控制器均为 5V，因此无须使用逻辑电平转换器。当然，这里的缺点是你必须通过串口方式将电动机指令传递给 Arduino。

（1）Arduino 代码 在这个练习中，Arduino 只是作为电动机控制器的一个通道。我们将从串口流中读取指令，并将这些值传递给电动机控制器。Arduino 不执行任何逻辑。如果你在实际场景中来实现这一点，你可能需要传感器来作为中断。通过允许传感器中断正常操作，你可以在项目中建立一些安全机制，操作如下所示：

1）在 Arduino IDE 中打开一个新草图。

2）将草图保存为 L298N_passthrough。

3）输入以下代码：

```
int enA = 9;
int in1 = 8;
int in2 = 7;
int in3 = 5;
int in4 = 4;
int enB = 3;
```

```
int enAVal, in1Val, in2Val, in3Val, in4Val, enBVal;

void setup() {
  // 将你的 setup 代码置于此处，仅运行一次
  Serial.begin(9600);

  pinMode(enA, OUTPUT);
  pinMode(in1, OUTPUT);
  pinMode(in2, OUTPUT);
  pinMode(in3, OUTPUT);
  pinMode(in4, OUTPUT);
  pinMode(enB, OUTPUT);
}

void loop() {
  // 仅在串口缓存中有数据时运行
  while(Serial.available() > 0){

    // 从串口中读取整数值
    enAVal = Serial.parseInt();
    in1Val = Serial.parseInt();
    in2Val = Serial.parseInt();
    // 如果有数据仅读取接下来的 3 个数
    if(Serial.available() > 0){
      in3Val = Serial.parseInt();
      in4Val = Serial.parseInt();
      enBVal = Serial.parseInt();
    }

    // 将值写入 L298N
    analogWrite(enA, enAVal);
    digitalWrite(in1, in1Val);
    digitalWrite(in2, in2Val);
    digitalWrite(in3, in3Val);
    digitalWrite(in4, in4Val);
    analogWrite(enB, enBVal);
```

```
    // 清除所有剩下的数据，因为我们不需要它了
    while(Serial.available() > 0){
      char x = Serial.read();
    }
  }
}
```

4）保存草图并上传至 Arduino。

你不会在 Arduino 上看到任何反应。我们所做的仅仅是用加载到 Arduino 中的代码读取串口，然后将读取的值传递给 L298N。

在这段代码中，我们做的一些事情需要你注意。

```
if(Serial.available() > 2){
```

首先要注意的是在读入 in2Val 的值之后的 if 语句，该代码在随后两个练习里都会用到。第一个练习只传递 3 个值。第二个练习将传递 6 个值。如果后 3 个值存在，我们只读取它们，否则我们会得到错误。为了确保不发生错误，我们只想在有 3 个或更多值可读取的情况下读取接下来的 3 个值。

```
while(Serial.available() > 0){
  char x = Serial.read();
}
```

在草图的末尾，我们添加了一个小的 while 循环。如果在读取所有 6 个值之后，我们需要清除串口缓冲区中的所有内容，以便在下一个循环的缓冲区中没有散乱的数据。这个块只读取所有剩余的字节，并将它们从缓冲区中删除。

（2）连接 L298N 连接电动机控制器比把它插到插头上要复杂一点。我们将通过 Arduino 进行连接，以便利用其 PWM 引脚。与电动机控制器 HAT 一样，我们将使用 4 节 AAA 电池作为电动机控制器的外部电源。这就提供了电动机所需的 6V 电压，从而无须再改装Arduino。

（3）转动一台电动机 在使用 L298N 的第一个练习中，你学习了如何转动单台电动机。我们设定了电动机的转速和转向，然后对它们进行更改。图 6-22 所示为这个示例的电路。

1）将电动机控制器上的 enA 连接至 Arduino 上的 pin9。你可能需要拆下一条跳线。

2）将 in1 连接至 pin8。

3）将 in2 连接至 pin7。

4）将 Arduino 上的接地引脚连接到螺钉端子上的接地柱上，很可能是中间的柱子。

5）将一条导线连接至 out1，另一条导线连接至 out2，将电动机连接至电动机控制器。目前，哪条导线连接到哪个输出并不重要。

6）将黑色导线从电池组连接至 L298N 的接地端子。

7）将电池组的红色导线连接到正极端子上，该端子通常会标记为 + 或 VCC。

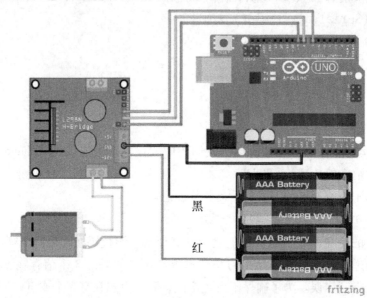

图 6-22　L298N 单电动机连线电路

8）在 IDLE 中打开一个新文件。

9）将文件保存为 L298N_1_motor_example. py。

10）输入以下代码：

```
import serial
import time

directon = 1

ser = serial.Serial("/dev/ttyACM0",9600,timeout=1)

def driveMotor(int speed, int drct):
    enA = speed
# 计算转向
if drct == 1:
    in1 = 1
    in2 = 0
else if drct == -1:
    in1 = 0
    in2 = 1
```

```
    else:
        in1 = 0
        in2 = 0

    valList = str(enA) + ',' + str(in1) + ',' + str(in2)
    serString = ','.join(valList)
    ser.write(serString)
    time.sleep(0.1)

while 1:
    # 逐渐提速
    while motSpeed < 256:
        driveMotor(motSpeed, direction)
        motSpeed = motSpeed + 1

    # 逐渐减速
    while motSpeed > 0:
        driveMotor(motSpeed, direction)
        motSpeed = motSpeed - 1

    # 反转转向
    direction = -direction
```

11）保存并运行文件。

电动机应该开始旋转，并且越来越快，直到达到最高转速。到那个时候，它开始减速直到停止，之后会反转转向，然后一直重复此过程。这将一直持续到按 Ctrl + C 键停止程序为止。

（4）转动两台电动机　接下来，我们转动两台电动机。设置方法和代码与我们刚才做的设置非常相似，只是增加了一台电动机。你应该已经连接了第一台电动机。如果没有，请完成上一个示例中的步骤 1）~7）。让我们来看看如何增加第二台电动机（见图 6-23）。

1）用一条导线从 Arduino 的 pin5 连接至电动机控制器上的 in3。

2）用一条导线从 pin4 连接至 in4。

3）用一条导线从 pin3 连接至 enB。

4）将第二台电动机的导线连接至 out2 端子。同样，在这个练习中，哪条导线连接哪个端子无关紧要。稍后，当你将电动机安装到机器人上时，你需要确保电动机连接后是互相反向旋转的。不过，目前我们只关心它们是否转动。

5）在 IDLE 中打开一个新文件。

6）将文件保存为 L298N_2_motor_example. py。

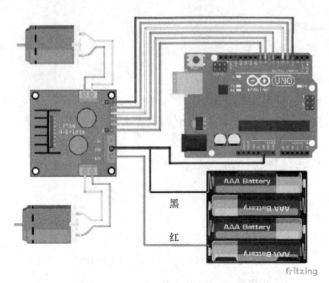

图 6-23 L298N 双电动机连线电路

7）输入以下代码：

```
import serial
import time

directon = 1

ser = serial.Serial("/dev/ttyACM0",9600,timeout=1)

def driveMotor(int motor, int speed, int drct):
    enA = speed
    # 计算转向
    if drct == 1:
        in1 = 1
        in2 = 0
        in3 = 1
        in4 = 0
    else if drct == -1:
        in1 = 0
        in2 = 1
        in3 = 0
        in4 = 1
    else:
        in1 = 0
```

```
        in2 = 0
        in3 = 0
        in4 = 0

    valList = str(enA) + ',' + str(in1) + ',' + str(in2) +
        ',' + str(in3) + ',' + str(in4) + ',' + str(enB)
    serString = ','.join(valList)
    ser.write(serString)
    time.sleep(0.1)

while 1:
    # 逐渐加速
    while motSpeed < 256:
        driveMotor(motSpeed, direction)
        motSpeed = motSpeed + 1

    # 逐渐减速
    while motSpeed > 0:
        driveMotor(motSpeed, direction)
        motSpeed = motSpeed - 1
# 反转转向
direction = -direction
```
这个练习和之前的代码没有太大不同。我们所做的就是为第二台电动机添加变量 enable 和 input。两台电动机的转速应相同。它们加速之后减速，然后反转转向。好好看一下代码，想清楚如何让电动机独立地转动。

6.3　小结

在本章中，我们介绍了常见的电动机类型：直流电动机、无铁心电动机、步进电动机和伺服电动机。我们组装了 Adafruit 直流和步进电动机控制器 HAT（你现在应该能够熟练使用电烙铁了）。然后，你学习了如何将电动机连接至电动机控制器 HAT，并让它们转起来。

我们还研究了一种常见的通用电动机控制器——L298N。L298N 的工作原理稍有不同，其转向是通过改变两个引脚的状态来设置的。通过 Arduino 连接 L298N，利用 PWM 引脚控制电动机的转速和转向。我们本可以很轻松地将使能引脚连接至树莓派 GPIO 插头上的数字输出引脚。然而，对电动机的转速进行离散控制非常重要。在下一章，你将了解这一点的重要性。

现在，你已经拥有了构建一个简单的小型机器人所需的所有信息。你已经学习了 Python 和 Arduino 的编程知识，以及用传感器让你的机器人探测周围环境。最后，你让电动机转起来了，这让机器人有了运动能力。逻辑、感知和运动是每个机器人的本质。其他东西都是这些元素的更高级版本。

现在你知道了所有你需要了解的关于机器人的知识，接下来我们将组装底盘套件并制造一个机器人。在那之后，我们会让我们的机器人变得更能干、更聪明。我们将从红外传感器开始，之后是控制算法，最后给机器人装上眼睛。嗯，准确地说只有一只眼睛。

第 **7** 章

组装机器人

在上一章，我们完成了 Adafruit 电动机控制器 HAT 的制作，这个设备允许你使用树莓派控制多达 4 台直流电动机。我们还了解了一种在 Arduino 板上运行的通用电动机控制器。既然知道了如何让机器人动起来，那我们现在就开始组装机器人吧！

在本章中，我们将组装一个机器人。在此过程中，我将给出一些我在以往构建过程中学到的提示和建议。组装机器人时要考虑很多细节。你会遇到一些你从未考虑过的奇怪情况。最容易被忽视的是布线和布线管理。像操作顺序和组件位置这些事都非常重要。在组装早期所做的决定可能会导致后期的复杂性。时刻注意这些事情可以让你不必因为早期犯下的某个错误，而拆掉整个机器人。

组装分为 4 个单独的过程。我们先从组装 Whippersnapper 底盘套件开始，然后安装电子设备，接着是布线，最后，我们来看看超声波传感器的安装。在每个练习中，我都会指出组装过程中需要考虑的一些事项。

7.1 组装底盘

对于这次组装，我选择使用一个商用套件。工具包的好处在于，一个好的工具包包含了入门所需的一切。工具包价格不一，制造商也有很多。许多低成本的工具包通常是网上的卖家提供的，它们的完整性不如其他工具包。通常，这些都是流行设备的套件，但组装时很少考虑部件之间如何组合。所以，如果你要买一个套件，要确保它包含了所有硬件，而且所有的部件都是设计成可以一起工作的。

7.1.1　选择材质

在选择底盘时，材料是另一个要考虑的因素。金属底盘就不错，它往往比塑料底盘贵，但也更耐用。就塑料套件而言，请记住并非所有塑料都是一样的。

亚克力这种材料便宜，而且使用起来也方便。然而，对于大多数应用来说它并不适用。亚克力材料易碎、不易弯曲，而且容易划伤。当它断裂时，通常会裂成锋利的碎片。还有最好记住不要在任何类型的高摩擦应用中使用亚克力材料，因为它容易分解成粗颗粒，从而加大摩擦。

如果你要采用塑料，ABS 是一种更好的材料。像亚克力一样，ABS 也是一张一张的，价格也相当便宜。而与亚克力不同的是，它更加耐用。ABS 不容易开裂或断开，而且更耐刮擦。同时 ABS 是可以打孔的，比亚克力更易使用。

另一种选择是聚苯乙烯。苯乙烯是用于塑料模型套件的材料。所以，如果你熟悉这些工具，那么苯乙烯是一个很好的选择。它比亚克力或 ABS 都更柔软。虽然比其他材料贵一点，但是它更容易使用。

7.1.2　Whippersnapper

Whippersnapper 是一个商业套件，其由激光切割的 ABS 板制成。它由 ServoCity 公司制造，具体来自 Actobotics 的部分 Runt Rover 生产线。我曾经使用过 Actobotics 生产线的几款套件，我觉得它们都是设计精良、质量上乘的产品。除了机器人套件外，他们还生产一系列专用于协同工作的零件。

所有这些因素让我选择了 Whippersnapper（见图 7-1）作为本项目的底盘。它是一个漂亮的底盘，不仅有足够的空间容纳所有电子产品，还留有一些扩展空间。

为了更加简洁，树莓派将安装在机器人的后面，而 Arduino 会安装在前面。这样布线会更容易一些。

首先，我喜欢把零件摆放好。这有助于你确保没有落下什么，并让你熟悉所有的零件。这个套件是互相卡在一起的。事实上，你只需要一把十字螺丝刀和尖嘴钳。将零件卡在一起时，要注意零件之间配合要紧一些，需要多用些力量才能将它们卡在一起。只要把零件放直，它们就不会断。紧紧抓住零件，并保持均匀用力。

1）将中心支架连接到一侧，并确保粗糙一侧朝外。注意中心支架上的凸耳，单独一对的凸耳将与底板相连（见图 7-2）。

2）将第二块侧板连接到中心支架上。再次，确保粗糙侧位于机器人的外侧。

3）将顶板卡入支架。将会有 6 组凸耳卡在顶板上（见图 7-3）。

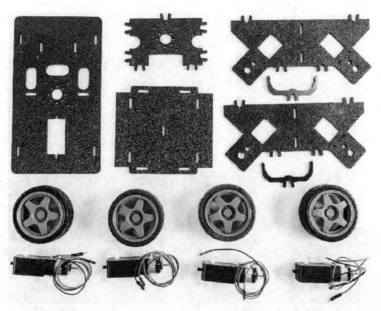

图 7-1　Whippersnapper 所有零件

图 7-2　附加了一块外板的中心支架　　　　　　图 7-3　添加顶板

在接下来的步骤中，我们连接电动机。在电动机的一侧有一个小销钉（见图 7-4），它

图 7-4　带凸耳的电动机

有助于对齐电动机并使电动机保持原位。

1）安装电动机，使轴穿过下孔，销钉进入第二个孔。

2）使用两个螺钉和螺母将电动机固定到位（见图7-5）。虽然不包括在套件内，但这里最好用上一些4号开口锁紧垫圈。如果没有的话，请在螺母上用一些乐泰蓝色螺纹锁固胶。如果不用东西把它们固定住，螺母就会慢慢脱落。

3）对其余3台电动机重复该过程（见图7-6）。

图7-5　装好的电动机

图7-6　所有电动机已安装好

4）翻转底盘并安装底板。有5组固定底板的凸耳（见图7-7）。

图7-7　添加底板

5）通过电动机后面的孔将每台电动机的导线送入机箱（见图7-8）。这样处理使电线不会缠绕在车轮上或是缠住别的什么东西。

图 7-8 电动机导线通过电动机后的孔送入机箱

6）将电子设备夹连接到顶板上。这些夹子将用于固定树莓派。

7）将前面电动机的导线穿过中心支架板上的孔。

现在底盘可以安装电子设备了。你的机器人底盘看起来应该如图 7-9 所示。

图 7-9 完整版 Whippersnapper

7.2 安装电子设备

接下来，我们将把电子设备安装到底盘上。先从树莓派开始，然后连接每个组件，并将 Arduino 和面包板安装在前面。

在这一部分组装过程中，经常会用到安装胶带和扎带。板的位置由你自己决定。有些人把一些电子产品安装在底盘内部。然而，我发现下面的做法对我来说才是最好的。它使访问电子设备更加容易，并为额外的组件节省了内部空间。

1）把树莓派夹在上面。树莓派应通过顶部倒钩牢牢固定到位（见图 7-10）。

图 7-10　安装在夹子上的树莓派

将底盘固定在一起的凸耳（见图 7-11）让安装 Arduino 和面包板成为一项挑战。这是我喜欢用泡沫胶带的其中一个原因——它能作为填充物来使用。为了避开凸耳，我们需要使用两层胶带。

图 7-11　顶板上伸出的凸耳

2）将两条泡沫胶带叠放在一起，然后放在顶板上。再使用一组双层泡沫胶带形成 T 形（见图 7-12），以增加稳定性。

3）取下面包板底部的保护纸，将面包板牢固地压在顶板上的 T 形胶带上（见图 7-13）。

图 7-12　双层安装胶带

图 7-13　安装好的面包板（注意 **T–Cobbler** 已经向前移动，以便为电池组留出空间）

4）对 Arduino 重复该过程（见图 7-14）。

安装 Arduino 时，请记住为 USB 数据线留出空间。我将 Arduino 稍微偏离一点中心，这样便于和树莓派之间的 USB 连接（见图 7-15）。

5）将 4 节 AA 电池组安装在底盘内的后部。安装时一定要确保能够接触到电池和电源开关。用泡沫胶带把电池组固定好。

6）找一个可靠的地方用来安装 5V 电池组。我发现面包板和树莓派之间的空间对于我用的小电池组来说非常合适。你的安装位置将由你的电池组形状来决定。

图 7-14 安装在双层胶带上的 Arduino

图 7-15 为 USB 连接预留空间

电子设备就位后，是时候把零件连接起来了。

7.3 布线

把这一部分写成分步式的说明是不合适的。如何给你的机器人布线完全取决于你自己。每个机器人都是不同的。布线由各组件的布局、使用的电缆以及个人喜好决定。所以，我将带你了解我的机器人是如何布线的，以及我在做决定前是怎么想的，另外还会介绍一下对项目的一些考虑。

我希望我的电缆尽量保持整洁。有些人很少考虑电线的处理。我见过一些机器人，它们的盖子下乱成一团。对我来说，能够很容易地接触到部件是很重要的，这其中也包括线缆。

与我在大多数项目中喜欢的长度相比，为树莓派供电和连接到 Arduino 的 USB 数据线有点太长了。有许多类型的电缆可用，包括那些直角插头，这使得布线相当容易。因为电缆有点长，我会用扎带把它们捆得紧凑一些。然后，将 Arduino 中较重的电缆绑到树莓派的安装夹上。从电池组到树莓派的电缆被夹在树莓派的下面（见图 7-16）。

图 7-16　为了整洁把 USB 数据线捆住

接下来，我把电线从电动机连接到电动机控制器 HAT。电动机控制器 HAT 有 4 台直流电动机输出。一共有 4 台电动机，我可以将电动机成对连接到两个不同的输出端：一个用于左侧，另一个用于右侧。但是小型、廉价的电动机在转速上往往不太一致。即使两台电动机接收到相同的信号，也不能保证它们的转速相同。能够独立地调整每台电动机的转速是一个我要利用的很好特性。因此，每台电动机都有自己的输出（见图 7-17）。

我为每台电动机的转速都添加一个乘法器。只要对乘法器稍作微调，就能让电动机运转

图 7-17　电动机和外部电池组连接至电动机控制器 HAT 的电线

得更加一致。

　　连接好电动机之后，开始接通电源。当你完成连接后，要注意一下极性是否正确。作为标准，红线是正极，黑线是负极。因为我的电池组是改装过的，所以电线不是红色和黑色的。我用电压表来确定电线的极性，并将它们正确地连接起来。

　　排线在最后连接（见图 7-18）。只有一种方法可以将排线连接到 T-Cobbler 上——插头上的凸起与插头上的间隙对齐。在树莓派上，确保带白色条纹的导线连接到 pin1。对于树莓派，pin1 是最接近角落的那个引脚。

图 7-18　连接 T-Cobbler 到树莓派的排线，注意白色条纹

7.4 安装传感器

这是组装机器人最需要创造力的地方。大多数底盘没有为安装传感器做准备。如果有，也是为你可能不使用的特定传感器设计的。

安装传感器有很多不同的方法。我发现只要多准备一些不同的材料，往往就很适合我。

在我成年的时候，我就有了一个 Erector 套件。你可能并不熟悉 Erector，他们生产的建筑玩具包含了许多金属部件：横梁、支架、螺钉、螺母、滑轮、皮带等。我会花好几个小时制造卡车、拖拉机、飞机，是的，甚至在 20 世纪 80 年代，我就开始做机器人了。想象一下，当我在寻找项目中要用到的一些通用零件的时候，恰好在当地的一个电子商店中碰上了 Erector 套件，那是多么令人高兴。更让我高兴的是，我发现当地一家大型五金店在他们的零件箱里会出售单个零件。

Erector 套件是许多项目中所需的小型杂项零件的重要来源。在本例中，我使用一个横梁和一个支架来安装超声波测距传感器（见图 7-19）。

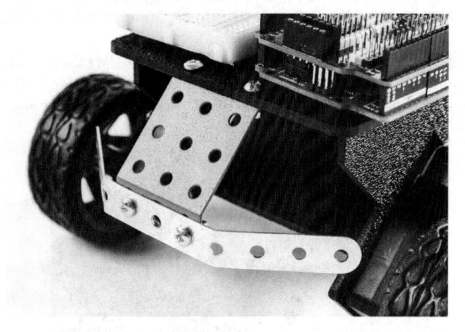

图 7-19　来自 Erector 套件的一个横梁和支架。横梁被弯曲成一定角度，用于安装传感器

装好支架后，我使用胶带来固定传感器（见图 7-20）。在这一特定情况下，胶带有两个用途。首先，它将传感器固定在金属上。第二个目的是绝缘。传感器后面的电子设备是暴露在外的，将它们连接到金属部件上有可能导致短路。泡沫胶带可以很好地绝缘。

我学到了一件事，那就是不要仅仅依靠胶带来固定传感器，特别是将其固定到金属上的

图 7-20 安装超声波测距传感器

时候。过去，胶带松脱导致传感器故障的事情时有发生。解决方法是我另一个最爱的方式——使用扎带。胶带将传感器固定在适当的位置并提供绝缘，而扎带增加了安全性和强度。这样，我很确定事情不会有任何变坏的可能。

传感器安装牢固后，最后要做的就是将它们连接至 Arduino。从传感器到 Arduino 我使用了一条母对母跳线（见图 7-21）。在 Arduino 上，我安装了一个传感器扩展板。传感器扩展板将为每个数模引脚都添加一个 5V 和接地引脚。其中有些扩展板甚至有专用插头，用于连接串口或无线设备。

图 7-21 使用扎带固定并连接至 Arduino 的超声波测距传感器

我用的是一个非常简单的、没有很多专用插头的扩展板。传感器扩展板会使传感器和其他设备的连接更加容易。

7.5 成品机器人

有了传感器之后，机器人就完整了。剩下唯一要做的就是编写代码让它动起来。图7-22 所示为我的成品机器人。

7.5.1 让机器人动起来

目前，我们的零部件组装得很好。但是如果没有合适的软件，我们就没有真正的机器人。接下来，我会概述一下我们希望机器人能做什么。之后我们将把这些想法转化成各种功能，进而将功能转化为使小型机器人动起来所需的代码。

图 7-22 安装好电子设备的成品 Whippersnapper

1. 计划

在前面的章节中，我们使用了展示各种主题的示例。由于这是我们在真正机器人上的第一个应用，所以我们还是先花点时间来概述一下希望机器人做什么。

这个计划是基于我在本章前面构建的机器人。假定有 3 个超声波传感器和 4 台独立运行的电动机。电动机通过安装在树莓派上的电动机控制器 HAT 进行控制，传感器通过 Arduino 进行操作。

（1）传感器 如前所述，我们将操控 3 个超声波传感器。传感器通过传感器扩展板与 Arduino 相连。由于我们使用串口与树莓派通信，所以不能使用 pin0 和 pin1，这些是串口使用的引脚。所以，我们中间的第一个传感器，位于 pin2 和 pin3 上，左侧传感器位于 pin4 和 pin5 上，右侧传感器位于 pin6 和 pin7 上。

传感器按顺序触发，从中间开始，之后是左侧，然后是右侧。每个传感器都要等到上一个传感器完成后再触发。树莓派每半秒收到一次结果，结果是浮点数字符串，表示物体到每个传感器之间的距离（以 cm 为单位）。

（2）电动机 电动机被连接到树莓派上的电动机控制器 HAT。每台电动机连接到控制器上的 4 个电动机通道之一。1 号电动机（左前电动机）与 M1 相连，2 号电动机（左后电动机）与 M2 相连，3 号电动机（右前电动机）与 M3 相连，4 号电动机（右后电动机）与 M4 相连。

机器人采用差速转向，也称为坦克驱动或滑移转向。为此，左侧电动机要一起驱动，右侧电动机要一起驱动，我把它们称为左右通道。因此，相同的命令被发送至 M1 和 M2。同样，M3 和 M4 也接收相同的命令。

代码中为每台电动机提供了乘法器。乘法器应用于每个相应的电动机，以补偿转速差异。这意味着我们需要添加缓冲区来调整这种差异。因此，最高转速被设置为 255 中的200。初始乘数设置为 1。你需要调整你的乘数以适应你的机器人。

（3）功能　这个机器人是一个简单的随机漫游者。它沿着直线行驶，直到发现障碍物，然后调整方向以避免撞到障碍物。这并不是一个特别复杂的解决方案，但它展示了机器人操作的一些基础知识。

以下是机器人功能的一些规则：

1）向前移动。

2）如果检测到左侧有物体，则向右转。

3）如果检测到右侧有物体，则向左转。

4）如果检测到正前方有物体，它会停下来，然后朝左右两侧距离更大的那个方向转弯。

5）如果两个方向的距离相等，或者两侧的距离都超过了截止值，则机器人会在预定时间内随机选择一个方向转弯，然后继续操作。

这些功能都比较基础，但它应该能让机器人在房子里自主漫游。

2. 代码

代码分为两部分：Arduino 代码和树莓派代码。在 Arduino 上，我们关心的是操作传感器，然后作为中继将读数以预定的时间间隔传给树莓派。在这种情况下，时间间隔是 500ms。

树莓派使用传入的数据来执行相应功能。它从串口读取数据并将数据解析为变量。树莓派使用这些变量来确定下一步行动。此操作被转换为电动机的指令，然后发送给电动机控制器来执行。

（1）Arduino 代码　这个程序只操作机器人前面的 3 个超声波传感器。然后，通过串口连接将这些值作为浮点字符串返回给树莓派。代码基本上与第 5 章中的 Pinguino 示例相同，不同的是我们使用了 3 个传感器而不是 1 个。

1）在 Arduino IDE 中打开一个新草图。

2）将草图保存为 robot_sensors。

3）输入以下代码：

```
int trigMid = 2;
int echoMid = 3;
int trigLeft = 4;
```

```
int echoLeft = 5;
int trigRight = 6;
int echoRight = 7;
float distMid = 0.0;
float distLeft = 0.0;
float distRight = 0.0;
String serialString;

void setup() {
  // 为传感器设置引脚模式
  pinMode(trigMid, OUTPUT);
  pinMode(echoMid, INPUT);
  pinMode(trigLeft, OUTPUT);
  pinMode(echoLeft, INPUT);
  pinMode(trigRight, OUTPUT);
  pinMode(echoRight, INPUT);
  // 将 trig 引脚设置为 low
  digitalWrite(trigMid,LOW);
  digitalWrite(trigLeft,LOW);
  digitalWrite(trigRight,LOW);

  // 启动串口
  Serial.begin(115200);
}

// 操作传感器的函数
// 返回以 cm 为单位的距离
float ping(int trigPin, int echoPin){
  // 私有变量,在函数外不可用
  int duration = 0;
  float distance = 0.0;

  // 操作传感器
  digitalWrite(trigPin, HIGH);
  delayMicroseconds(10);
  digitalWrite(trigPin, LOW);
```

```
   // 获取结果并计算距离
   duration = pulseIn(echoPin, HIGH);
   distance = duration/58.2;

   // 返回结果
   return distance;
}

void loop() {
   // 获取每个传感器的距离
   distMid = ping(trigMid, echoMid);
   distLeft = ping(trigLeft, echoLeft);
   distRight = ping(trigRight, echoRight);

   // 将结果写入串口
   Serial.print(distMid); Serial.print(",");
   Serial.print(distLeft); Serial.print(",");
   Serial.println(distRight);

   // 在循环前等待500ms
   delay(500);
}
```

4）保存草图并上传至 Arduino。

Arduino 现在应该会不断地发出超声波，但是因为没有什么监听设备，所以我们也无从知晓。接下来，我们将为树莓派编写代码。

（2）树莓派代码　现在是时候编写运行在树莓派上的代码了。这是一个相当长的过程，所以我会在介绍时分解成很多个步骤。这其中的绝大多数步骤你应该看起来会非常熟悉。为了适应逻辑，会时不时有一些变化，但是在大多数情况下，我们以前都已经做过了。每当我们要做一些新的事情时，我都会花时间为你详细介绍。

1）打开 Python 2.7 中的 IDLE。记住，Adafruit 库并不能在 Python 3 中工作。

2）创建一个新文件。

3）将文件保存为 pi_roamer_01. py。

4）输入以下代码。我会一步步地讲解每一部分，以确保你对整个过程中发生的事情都非常清楚。

5）导入所需的库。

```
import serial
import time
import random

from Adafruit_MotorHAT import Adafruit_MotorHAT as amhat
from Adafruit_MotorHAT import Adafruit_DCMotor as adamo
```

6）创建电动机变量并打开串口。Arduino 被设置为以更高的波特率运行，因此树莓派也需要以更高的波特率运行。

```
# 创建电动机对象
motHAT = amhat(addr=0x60)
mot1 = motHAT.getMotor(1)
mot2 = motHAT.getMotor(2)
mot3 = motHAT.getMotor(3)
mot4 = motHAT.getMotor(4)

# 打开串口
ser = serial.Serial('/dev/ttyACM0', 115200)
```

7）创建所需的变量。因为我们使用的是小数，所以很多变量都是浮点数。

```
# 创建变量
# 传感器
distMid = 0.0
distLeft = 0.0
distRight = 0.0

# 电动机乘法器
m1Mult = 1.0
m2Mult = 1.0
m3Mult = 1.0
m4Mult = 1.0

# 距离阈值
distThresh = 12.0
distCutOff = 30.0
```

8）设置管理电动机所需的变量。

你会注意到，我已经创建了许多默认值，并将这些值赋给其他变量。我们在代码中实际要更改的只有 leftSpeed、rightSpeed 和 driveTime 变量，其余变量只是为了在整个程序中提供一致性。如果要更改默认转速，只需更改 speedDef 即可，而且更改会应用于所有位置。

```
# 转速
speedDef = 200
leftSpeed = speedDef
rightSpeed = speedDef
turnTime = 1.0
defTime = 0.1
driveTime = defTime
```

9）创建驱动函数。程序主体中会有两个地方要调用它。因为需要做很多工作，所以最好将代码分解成一个单独的函数块。

```
def driveMotors(leftChnl = speedDef, rightChnl =
speedDef, duration = defTime):
    # 计算各台电动机的转速：通道值×电动机乘法器
    m1Speed = leftChnl * m1Mult
    m2Speed = leftChnl * m2Mult

    m3Speed = rightChnl * m3Mult
    m4Speed = rightChnl * m4Mult

    # 设置各台电动机转速。因为转速可能为负值，所以我们取绝对值
    mot1.setSpeed(abs(int(m1Speed)))
    mot2.setSpeed(abs(int(m2Speed)))
    mot3.setSpeed(abs(int(m3Speed)))
    mot4.setSpeed(abs(int(m4Speed)))

    # 运行电动机。如果通道值为负值，则反转，否则正转
    if(leftChnl < 0):
        mot1.run(amhat.BACKWARD)
        mot2.run(amhat.BACKWARD)
    else:
        mot1.run(amhat.FORWARD)
        mot2.run(amhat.FORWARD)

    if (rightChnl > 0):
        mot3.run(amhat.BACKWARD)
        mot4.run(amhat.BACKWARD)
    else:
```

```
        mot3.run(amhat.FORWARD)
        mot4.run(amhat.FORWARD)

    # 等待 duration 时间
    time.sleep(duration)
```

10）开始编写程序的主代码块，先将代码放在 try 代码块中。这使我们可以优雅地退出程序。如果没有它及相应的 except 块，电动机会不断执行它们接收到的最后一个命令。

```
try:
    while 1:
```

11）继续编写主代码块，读取串口，然后解析接收到的字符串：

```
# 读取串口
val = ser.readline().decode('utf=8')
print val

# 解析串口字符串
parsed = val.split(',')
parsed = [x.rstrip() for x in parsed]

# 当存在3个及以上可用值时才赋予新值
if(len(parsed)>2):
    distMid = float(parsed[0] + str(0))
    distLeft = float(parsed[1] + str(0))
    distRight = float(parsed[2] + str(0))
```

12）输入逻辑代码。这是执行前面所列功能的代码。

请注意，中间传感器的代码块（执行停止和转向）并没有和左、右避碍代码写在一起。

之所以这样做，是因为我们希望不管左、右代码的结果如何，都对这个逻辑进行求值。通过将其放在其他代码之后，中间代码将覆盖左、右代码创建的任何值。

```
    # 应用截止距离
    if(distMid > distCutOff):
        distMid = distCutOff
    if(distLeft > distCutOff):
        distLeft = distCutOff
    if(distRight > distCutOff):
        distRight = distCutOff

    # 重设 driveTime
```

```
driveTime = defTime

# 如果左侧有障碍物，通过增加leftSpeed
# 并使rightSpeed等于-speedDef来右转
# 如果右侧有障碍物，通过增加rightSpeed
# 并使leftSpeed为负值来左转
if(distLeft <= distThresh):
    leftSpeed = speedDef
    rightSpeed = -speedDef
elif (distRight <= distThresh):
    leftSpeed = -speedDef
    rightSpeed = speedDef
else:
    leftSpeed = speedDef
    rightSpeed = speedDef
# 如果障碍物在正前方，则停下来并转向更加开阔的地方
# 如果两个方向一样开阔，随机选择一个方向即可
if(distMid <= distThresh):
    # 停止
    leftSpeed = 0
    rightSpeed = 0
    driveMotors(leftSpeed, rightSpeed, 1)
    time.sleep(1)

    leftSpeed = -150
    rightSpeed = -150
    driveMotors(leftSpeed, rightSpeed, 1)
    # 计算转弯方向
    # 如果distLeft > distRight，则左转
    # 如果distRight > distLeft，则右转
    # 如果相等，则随机选择一个方向转弯
    dirPref = distRight - distLeft
    if(dirPref == 0):
        dirPref = random.random()
     if(dirPref < 0):
         leftSpeed = -speedDef
```

```
        rightSpeed = speedDef
    elif(dirPref > 0):
        leftSpeed = speedDef
        rightSpeed = -speedDef
    driveTime = turnTime
```

13）调用我们之前创建的函数 driveMotors。

```
# 驱动电动机
driveMotors(leftSpeed, rightSpeed, driveTime)
```

14）清除串口缓冲区中的所有字节。

```
ser.flushInput()
```

15）输入 except 代码块。它允许我们在按下 Ctrl + C 键时先关闭电动机，然后再退出程序。

```
except KeyboardInterrupt:
    mot1.run(amhat.RELEASE)
    mot2.run(amhat.RELEASE)
    mot3.run(amhat.RELEASE)
    mot4.run(amhat.RELEASE)
```

16）保存文件。

17）按 F5 运行程序。

当你欣赏完你的小型机器人在房间里随意地漫游后，可以按 Ctrl + C 键结束程序。

祝贺你！你刚刚制造出你的第一个树莓派动力机器人，还为其编写了程序。

我们在这个程序中做了很多，尽管这其中并没有什么新鲜的东西。在程序的第一部分，我们导入了所需的库并创建了电动机对象。在下一节中，我们定义了所有变量。程序的一个重要部分是我们在变量之后创建的那个函数。我们在这个函数中驱动电动机。电动机转速和驱动时间作为函数参数传入，用于设置每台电动机的转速。我们用转速的正负来确定电动机转动的方向。之后，我们开始编写主代码块，将代码包含在一个 try 代码块中。然后我们进入 while 循环，它允许程序无限地重复下去。

在 while 循环中，我们首先读取串口字符串，然后解析它以提取 3 个浮点值。将字符串转换为浮点值的算法与我们用来转换为整数的算法略有不同。更具体地说，我们不必把结果除以 10。在小数末尾添加 0 并不会更改值，因此我们可以在转换时直接使用它。

测量的距离决定了机器人的下一步行动。if/elsif/else 代码块用于评估传感器值。如果左传感器或右传感器检测到在预定义阈值内的障碍物，则机器人转向相反的方向。如果没有检测到障碍物，机器人继续前进。单独的 if 代码块用于确定障碍物是否在机器人正前方。如果有障碍物，机器人会停下来然后转向。机器人使用左侧和右侧传感器的值来确定要走哪条路。如果无法确定方向，机器人将随机转向。

所有这些都需要时间，在这期间，Arduino 欢快地发送串口字符串并填充树莓派的缓冲区。继续之前必须清除这些字符串。我们使用串口对象的方法 flushInput（）来执行此操作。这样，我们才能只处理最新的信息。

最后，我们使用 except 代码块捕获键盘中断命令。当收到命令时，电动机会停下来，然后再退出程序。

7.6　小结

这一章我们将所学到的一切整合到了一个工作机器人中。我们组装了机器人底盘套件，安装了所有的电子设备。在所有东西都安装到机器人上之后，我们编写了一个程序来运行机器人。这是一个相当简单的漫游程序。当你运行它的时候，你的新机器人应该能在房间里到处游荡，不过根据房间里家具的拥挤程度不同，它或多或少也会碰壁。

在接下来的章节中，我们将致力于改进机器人——增加更多的传感器，改进逻辑，并添加一些更高级的功能。具体来说，我们将添加一个摄像头，并学习如何使用 OpenCV 来跟踪颜色和追逐一个球。

第 **8** 章

红外传感器

到现在，你应该已经有了一个可以工作的机器人了。在前几章中，我介绍了安装和编程机器人所需了解的所有内容。你学习了如何使用电动机、传感器，还有树莓派和 Arduino 之间的通信。在第 3 章和第 5 章中，你学习了在 Python 和 Arduino 中使用超声波测距传感器。书的剩余部分将介绍新的传感器、处理算法和计算机视觉。

在本章中，我们将学习使用红外（IR）传感器。我们会研究多种类型的传感器。在本章的最后，我们使用一系列的红外传感器来检测表面的边缘和路线。

8.1 红外传感器介绍

红外（IR）传感器使用红外光谱范围内的光探测器来检测红外信号。红外传感器通常与提供红外信号的红外发光二极管配合使用。一般测量的是发光二极管的发光强度或发光与否。

8.1.1 红外传感器的类型

红外线很容易使用，因此，我们有许多不同的使用方法，也有多种红外传感器可供选择。你可能会想不到有这么多应用都使用了红外传感器。比如在零售店看到的那种自动门，它使用一种称为被动红外（Passive Infrared，PIR）的传感器来检测运动，这种传感器还用于自动照明和安全系统中。喷墨打印机使用红外传感器和红外发光二极管来测量打印头的位置以实现精确运动。娱乐系统的遥控器会使用红外 LED 将编码脉冲传输到红外接收器。红外敏感相机用于在制造过程中保证生产质量。除此之外还有许多其他应用。下面让我们来看看一些其他类型的红外传感器。

1. 反射传感器

反射传感器包括所有设计用于检测目标反射信号的传感器。超声波测距传感器属于反射传感器，因为它能探测到从前方物体反射回来的声波。红外反射传感器以类似的方式工作，它们读取物体反射的红外辐射强度（见图8-1）。

有一种此类型传感器的变体被设计用于检测红外信号是否存在。该传感器使用红外强度阈值来确定附近是否有物体。传感器一开始返回低信号，直到超过阈值才返回高信号。这些传感器通常与发光二极管配对使用，配置成反射式或者是直接式。

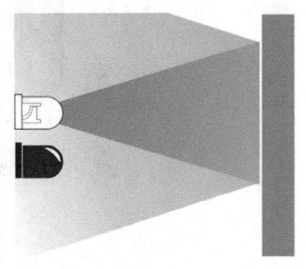

图8-1　反射传感器测量红外二极管返回的红外光

（1）路线和边缘检测　红外探测器经常被用来制造探测路线或窗台边缘的设备。当表面和路线之间的对比度很高时，这些传感器可用于路线检测，例如，在白桌子上有一条黑线。当传感器位于白色表面上方时，大部分红外信号返回传感器。当传感器位于黑线上方时，返回的红外信号较少。这些传感器通常返回一个模拟信号，代表返回的光的总量。

几乎以同样的方式，传感器也能用于检测表面的边缘。当传感器位于表面上方时，传感器接收到更多的红外信号。当传感器位于边缘上方时，信号会大大降低，从而返回一个低值（见图8-2）。

图8-2　通过反射光的差异可以检测出线条和边缘

有些传感器有一个可调的阈值，允许它们提供数字信号。当反射率高于阈值时，传感器处于高状态。当反射率低于阈值时，传感器处于低状态。

这种传感器的挑战在于，很难设定准确的阈值以获得一致的结果。即使你确实在一个环境下设定好了，一旦条件改变，或你试图在一个活动中进行演示，就必须重新进行校准

（这并不是说我经常遇到这种情况）。因此，我更喜欢使用模拟传感器，它允许我引入一个自动校准程序，以便程序可以自动设置阈值。

（2）测距传感器　测距传感器用于测量到目标的距离，测距传感器使用强度更大、光束更窄的 LED，用于确定物体的大致距离。与超声波测距传感器不同，红外测距传感器被设计用于探测特定的距离。为应用选择合适的传感器这一点非常重要。

2. 中断传感器

中断传感器用于检测红外信号是否存在。它们通常与发射二极管配对使用，并配置成允许物体在发射器和探测器之间通过。当目标存在并阻挡发射器时，接收器返回一个低信号。当目标不存在时，接收器检测发射器时会返回一个高信号。

这些传感器经常用于编码器设备中。编码器通常由一个部分半透明和透明的圆盘或磁带组成。当光盘或磁带经过传感器时，信号连续从高变低。微控制器或其他电子设备可以使用这种交替信号来对脉冲进行计数。

因为透明部分的数量是已知的，所以可以高置信度地计算运动。在它们采用最简单的形式时，这些传感器只能提供脉冲信号让微控制器计数。一些编码器使用多个传感器来提供关于运动的精确信息，其中包括方向。

3. PIR 运动传感器

另一种非常常见的传感器被称为 PIR 运动传感器（见图 8-3）。这些传感器有一个多面透镜，可以将物体反向或折射的红外辐射反射到内部的红外传感器上。当这些传感器检测到

图 8-3　常见的 PIR 运动传感器

变化时，会产生一个高信号。

这些传感器可用于控制商店的自动门，或者操作家里或办公室里的自动灯。

8.2　使用红外传感器

我前面已经讨论过，有几种方法可以使用红外传感器，这取决于你使用的传感器类型。在我们的项目中，我们将使用 5 个红外路线传感器，如图 8-4 所示。我更喜欢使用模拟传感器。我们使用的特定传感器实际上可以同时进行模拟和数字读数。它有一个设置阈值的小电位器，然而正如我在本章前面讨论的，这些传感器的阈值设定让大家非常头疼。我更喜欢直接使用模拟读数，并在软件中计算阈值。

图 8-4　用于巡线的红外传感器

8.2.1　连接红外传感器

我的机器人使用的传感器是普通 3 脚红外传感器的 4 脚变体型号。3 脚传感器是数字式的，对传感器的模拟信号设置一个阈值，以返回高或低信号。4 脚版本使用相同的阈值设置返回数字信号，但它还有一个可以提供模拟读数的附加引脚。我们一起来看看两种信号如何使用。

我用的传感器和大多数传感器有点不同，它们是专门为巡线应用而设计的。因此，返回值会被反转。这意味着，当反射率较高时，它不会提供高数值，而是返回低数值。同样，数字信号也被反转了。高信号表示路线存在，而低信号表示空白空间。当你运行下一个练习时，如果你的结果不同，请不要惊讶。我们只是为了取得一致结果才这么做的。

我们将 4 脚传感器连接到 Arduino，并使用串口监视器查看传感器的输出。其实我们可以使用一个数字引脚作为高/低信号，一个模拟引脚用于模拟传感器，但是为了更容易布线，我们使用了两个模拟引脚。连接到数字输出的模拟引脚是在数字模式下使用的，因此它的作用与其他引脚完全相同。

由于 Arduino 现在安装在机器人上，所以我们使用传感器扩展板来进行连接。另外，我并不会断开超声波测距传感器。红外传感器的草图中没有使用这些引脚，因此没有理由断开它们。

对于这个示例，你还需要一个测试平面。一张白纸加上一大块黑色区域或一条黑色粗线效果最好。由于大多数路线跟踪比赛都使用3/4in（约1.9cm）的黑色电工胶带，所以将一条胶带放在一张纸、白色海报板或泡沫芯板上就很完美。

1）使用一条母对母跳线，将传感器的接地引脚连接至3脚插头A0的接地引脚。

2）将传感器的VCC引脚连接至3脚插头A0的电压引脚，就是中间的那个引脚。

3）将模拟引脚连接至A0的信号引脚（在我的传感器上，模拟引脚标记为A0）。

4）将传感器的数字引脚连接至A1的信号引脚（在我的传感器上，它的标记为D0）。

5）在Arduino IDE中新建一个草图。

6）将草图保存为IR_test。

7）输入以下代码：

```
int analogPin = A0;
int digitalPin = A1;

float analogVal = 0.0;
int digitalVal = 0;

void setup() {
  pinMode(analogPin, INPUT);
  pinMode(digitalPin, INPUT);

  Serial.begin(9600);
}

void loop() {
  analogVal = analogRead(analogPin);
  digitalVal = digitalRead(digitalPin);

  Serial.print("analogVal: "); Serial.print(analogVal);
  Serial.print(" - digitalVal: "); Serial.
  println(digitalVal);

  delay(500);
}
```

8）将传感器从平面的白色区域上方移过。传感器需要非常接近平面，但是不要接触它。

9）注意返回的值（我得到的模拟值在30~45之间，数字值是0）。

10）将传感器从路线或平面上的另一个黑色区域移过。

11）记下数值（我得到了700~900范围内的模拟值，数字值为1）。

在平面亮、暗区域之间收到的值应该显著不同。你可以发现这很容易转换成非常有用的功能。

8.2.2 安装红外传感器

接下来，我们将把传感器安装到机器人上来做一些有用的事情。同样，由于每个人的构建之间可能存在很大不同，我将介绍我在连接传感器时所做的工作。如果你一直是一个忠实追随者，那么你应该完全按照我说的来做。如果不是，那么这里将是机器人开始变得有创意的地方。你需要确定如何在机器人上安装传感器。先看看我的解决方案，然后去寻找自己的一些好主意。

为了安装传感器，我再一次使用了Erector套件中的部件。这些部件特别方便和易于使用。这一次，我用了一根横杆和一个在安装超声波测距传感器时用到的相同的角度支架。事实上，通过使用角度支架向外延伸，可以使红外传感器更靠近地面。

在尝试安装红外传感器时，我遇到了一个难题。安装传感器的孔位于两个表面安装电阻之间。这意味着金属支架可能会导致短路。我的零件库中的尼龙支架太大了，不能平放在那里。我还可以使用垫圈和一个长螺钉，但间隔太窄，不能直接安装在安装杆的孔上。同时增加垫圈会使传感器离地面太近。

我的解决办法是把红外传感器安装在杆的顶部。其挑战在于，引脚的焊点肯定会和金属杆形成短路。但是，通过在传感器背面贴上一条电工胶带，然后为安装螺钉戳一个孔（见图8-5），就可以很容易地解决这个问题。

图8-5 把红外传感器安装在杆上，使用电工胶带保护导线不短路

一旦安装好了传感器，就需要把它们的导线接到Arduino板上。我只使用了传感器的模拟引脚，所以在Arduino上需要为每个引脚都使用一个逻辑引脚。如果我同时使用模拟和数字引脚，我将需要在Arduino上使用对应的模拟和数字引脚。我们使用的是A0~A4这几个引脚。我使用了较短的公对母跳线来延长导线，以确保在没有拉伤的情况下，将其正确地连接到位。在连接处和传感器周围贴上一层胶带之后，一切准备就绪（见图8-6）。

图8-6　完整机器人（红外传感器已安装好并布好线）

8.2.3　代码

和上个项目一样，这个项目使用 Arduino 作为 GPIO 设备。大部分逻辑功能是由树莓派执行的。我们将以 10ms 的间隔读取红外传感器，即每秒读取 100 次，这些值被传递给树莓派来处理。正如你在前面的练习中看到的，读取传感器非常容易，所以 Arduino 代码会非常简单。

树莓派方面要复杂得多。首先，我们必须校准传感器。然后，一旦校准，我们就必须编写一个算法，利用传感器的读数使机器人保持在路线上。这可能比你想象的要复杂一些。在本章后面，我们将讨论一个好的解决方案，但现在我们要使用一个更加直接的方法。

1. Arduino 代码

本应用的 Arduino 代码非常简单。我们将读取每个传感器，并通过串口连接将结果发送给树莓派，每秒 100 次。但是，由于我们需要在校准期间更频繁地读取传感器读数，所以我们需要知道何时进行校准，因为我们希望在此期间每秒进行 100 次更新，以确保获得良好结果。

1）在 Arduino IDE 中新建一个草图。

2）将草图保存为 line_follow1。

3）输入以下代码：

```
int ir1Pin = A0;
int ir2Pin = A1;
int ir3Pin = A2;
int ir4Pin = A3;
int ir5Pin = A4;

int ir1Val = 0;
int ir2Val = 0;
int ir3Val = 0;
int ir4Val = 0;
int ir5Val = 0;
void setup() {
  pinMode(ir1Pin, INPUT);
  pinMode(ir2Pin, INPUT);
  pinMode(ir3Pin, INPUT);
  pinMode(ir4Pin, INPUT);
  pinMode(ir5Pin, INPUT);

  Serial.begin(9600);
}
  void loop() {
    ir1Val = analogRead(ir1Pin);
    ir2Val = analogRead(ir2Pin);
    ir3Val = analogRead(ir3Pin);
    ir4Val = analogRead(ir4Pin);
    ir5Val = analogRead(ir5Pin);

    Serial.print(ir1Val); Serial.print(",");
    Serial.print(ir2Val); Serial.print(",");
    Serial.print(ir3Val); Serial.print(",");
    Serial.print(ir4Val); Serial.print(",");
    Serial.println(ir5Val);

    delay(100);
  }
```

4）保存并上传草图。

这张草图很简单。我们所做的就是逐个读取 5 个传感器，并将结果输出到串口上。

2. Python 代码

大部分处理都是在树莓派上完成的。我们首先要做的是校准传感器，以得到高值和低值。为此，我们需要在读取每个传感器的值时，让传感器在路线上方来回扫描。我们要寻找的是最高值和最低值。经过几次来回穿越后，我们应该能够得到合适的值用于后续处理。

传感器校准后，现在是时候开始动起来了。驱动机器人前进，只要中间传感器检测到路线，就继续向前行驶。如果左侧或右侧的其中一个传感器检测到路线，则往相反方向稍做修正以重新对齐。如果其中一个外部传感器检测到路线，则修正得大一些。这样可以使机器人沿着路线行驶并轻松转弯。

要正确运行此代码，需要为其创建一条要跟踪的路线。有几种方法可以做到这一点。如果你碰巧有一个白色瓷砖地板，那么你可以直接在上面贴上一条电工胶带。电工胶带可以从瓷砖上撕下，而不会损坏瓷砖。或者，你也可以使用纸张、海报板或泡沫板，就像那些展会上展示所用的一样。同样，在其上使用电工胶带标记出路线。记住一定要添加一些曲率。

与漫游代码一样，我们将分步进行介绍。我们现在编写的代码会越来越长。

1）在 IDLE IDE 中打开一个新文件。

2）将文件保存为 line_follow1.py。

3）导入必要的库：

```python
import serial
import time

from Adafruit_MotorHAT import Adafruit_MotorHAT as amhat
from Adafruit_MotorHAT import Adafruit_DCMotor as adamo
```

4）创建电动机对象。为了使代码更具 Python 风格，我们将电动机对象放在一个列表中。

```python
# 创建电动机对象
motHAT = amhat(addr=0x60)
mot1 = motHAT.getMotor(1)
mot2 = motHAT.getMotor(2)
mot3 = motHAT.getMotor(3)
mot4 = motHAT.getMotor(4)

motors = [mot1, mot2, mot3, mot4]
```

5）定义控制电动机所需的变量。同样，我们创建一个列表。

```python
# 电动机乘法器
motorMultiplier = [1.0, 1.0, 1.0, 1.0, 1.0]

# 电动机转速
motorSpeed = [0,0,0,0]
```

6）打开串口。

```
# 打开串口
ser = serial.Serial('/dev/ttyACM0', 9600)
```

7）定义必要的变量。和电动机一样，将一些变量定义为列表（我保证，在稍后的代码中你会看到这么做的好处）。

```
# 创建变量
# 传感器
irSensors = [0,0,0,0,0]
irMins = [0,0,0,0,0]
irMaxs = [0,0,0,0,0]
irThesh = 50

# 转速
speedDef = 200
leftSpeed = speedDef
rightSpeed = speedDef
corMinor = 50
corMajor = 100
turnTime = 0.5
defTime = 0.01
driveTime = defTime
sweepTime = 1000 #扫描时长，单位ms
```

8）定义驱动电动机的函数。虽然类似，但这段代码与漫游函数并不相同。

```
def driveMotors(leftChnl = speedDef, rightChnl = speedDef,
                duration = defTime):
    # 通过将通道值乘以电动机乘法器计算出每台电动机的转速
    motorSpeed[0] = leftChnl * motorMultiplier[0]
    motorSpeed[1] = leftChnl * motorMultiplier[1]
    motorSpeed[2] = rightChnl * motorMultiplier[2]
    motorSpeed[3] = rightChnl * motorMultiplier[3]
```

9）遍历 motor 列表以设置转速。同样，遍历 motorSpeed 列表。

```
# 设置每台电动机的转速。因为转速可能是负值，所以取绝对值
for x in range(4):
    motors[x].setSpeed(abs(int(motorSpeed[x])))
```

10）运行电动机。

```
# 运行电动机。如果通道值为负值，则反转，否则正转
if(leftChnl < 0):
    motors[0].run(amhat.BACKWARD)
    motors[1].run(amhat.BACKWARD)
else:
    motors[0].run(amhat.FORWARD)
    motors[1].run(amhat.FORWARD)
if (rightChnl > 0):
    motors[2].run(amhat.BACKWARD)
    motors[3].run(amhat.BACKWARD)
 else:
     motors[2].run(amhat.FORWARD)
     motors[3].run(amhat.FORWARD)
```

```
# 等待 duration 时间
time.sleep(duration)
```

11）定义一个函数，用于从串口流中读取红外传感器的值并对其进行解析。

```
def getIR():
    # 读取串口
    val = ser.readline().decode('utf-8')

    # 解析串口字符串
    parsed = val.split(',')
    parsed = [x.rstrip() for x in parsed]
```

12）遍历 irSensors 列表以分配解析后的值，然后清除串口流中的所有剩余字节。

```
if(len(parsed)==5):
    for x in range(5):
        irSensors[x] = int(parsed[x]+str(0))/10
```

```
# 清除串口缓存中的所有数据
ser.flushInput()
```

13）定义校准传感器的函数。校准需要经过 4 次完整的循环，以读取传感器的最小值和最大值。

```python
def calibrate():
    # 设置 cycle 计数循环
    direction = 1
    cycle = 0

    # 获取每个传感器的初值，并设置初始最小值/最大值
    getIR()

    for x in range(5):
        irMins[x] = irSensors[x]
        irMaxs[x] = irSensors[x]
```

14）循环 5 次，确保得到 4 次完整的循环读数。

```python
while cycle < 5:

    # 设置扫描循环
    millisOld = int(round(time.time()*1000))
    millisNew = millisOld
```

15）在 sweepTime 时间内，驱动电动机并读取红外传感器。

```python
while((millisNew-millisOld)<sweepTime):
    leftSpeed = speedDef * direction
    rightSpeed = speedDef * -direction

    # 驱动电动机
    driveMotors(leftSpeed, rightSpeed, driveTime)

    # 读取传感器
    getIR()
```

16）如果传感器值低于当前 irMins 或高于当前 irMaxs 值，则更新 irMins 和 irMaxs 的值。

```python
# 为每个传感器设置最小值和最大值
for x in range(5):
    if(irSensors[x] < irMins[x]):
        irMins[x] = irSensors[x]
    elif(irSensors[x] > irMaxs[x]):
        irMaxs[x] = irSensors[x]

millisNew = int(round(time.time()*1000))
```

17）一个循环后，改变电动机转向并增加 cycle 的值。

```
# 反向
direction = -direction

# cycle 计数加1
cycle += 1
```
18）所有循环完成后，驱动机器人向前行驶。
```
# 向前行驶
driveMotors(speedDef, speedDef, driveTime)
```
19）定义 followLine 函数。
```
def followLine():
    leftSpeed = speedDef
    rightSpeed = speedDef

    getIR()
```
20）根据传感器读数定义机器人行为。如果最右侧或最左侧传感器检测到路线，则往另一个方向进行重大修正。如果内侧某个传感器检测到路线，则往另一个方向进行轻微修正。否则，向前直行。
```
# 检测路线，如有需要则进行修正
if(irMaxs[0]-irThresh <= irSensors[0]
<= irMaxs[0]+irThresh):
    leftSpeed = speedDef-corMajor
elif(irMaxs[1]-irThresh <= irSensors[1]
<= irMaxs[1]+irThresh):
    leftSpeed = speedDef-corMinor
elif(irMaxs[3]-irThresh <= irSensors[3]
<= irMaxs[3]+irThresh):
    rightSpeed = speedDef-corMinor
elif(irMaxs[4]-irThresh <= irSensors[4]
<= irMaxs[4]+irThresh):
    rightSpeed = speedDef-corMajor
else:
    leftSpeed = speedDef
    rightSpeed = speedDef

# 驱动电动机
driveMotors(leftSpeed, rightSpeed, driveTime)
```
21）输入以下代码，运行程序。

```
# 执行程序
try:
    calibrate()

while 1:
    followLine()
    time.sleep(0.01)

except KeyboardInterrupt:
    mot1.run(amhat.RELEASE)
    mot2.run(amhat.RELEASE)
    mot3.run(amhat.RELEASE)
    mot4.run(amhat.RELEASE)
```

22）保存代码。

23）把机器人放在路线上。将机器人对齐，使路线位于左右轮之间，中心传感器刚好位于路线的正上方。

24）运行程序。

你的机器人现在应该沿着这条路线行驶了，如果它开始偏离路线，就要进行修正。你可能需要通过 corMinor 和 corMajor 变量来对修正行为进行微调。

我们在这里执行的就是所谓的比例控制，这是最简单的控制算法。它背后的基本逻辑是，如果你的机器人有一点点偏离路线，就修正一点点。如果机器人严重偏离了路线，那就多加修正。应用于机器人的校正量取决于误差的大小。

单凭比例控制，机器人在巡线时会举步维艰。它有可能会成功，但是你会注意到，它会沿着这条路线绕来绕去。随着时间的推移，这种行为可能会减少直到变得平滑。但是，当路线是曲线时，不稳定的行为会重新开始。更有可能的是，你的机器人会矫枉过正，在一个随机的方向游荡，然后离路线越来越远。

可以有更好的方法来控制机器人。事实上，有好几种更好的方法，都来自一个叫作闭环控制的研究领域。闭环控制是用来提高机器或程序响应的算法。它们大多利用当前状态和期望状态之间的差异来控制机器，这种差异被称为误差。

接下来我们来看看这样的控制系统。

8.3　了解 PID 控制

为了更好地控制机器人，你需要学习 PID（Proportional Integral Derivative，比例积分微分）控制，我将尽量在不增加数学负担的情况下来讨论它。PID 控制器是应用最广泛的闭环控制之一，这是因为它通用而简单。实际上我们已经使用了 PID 控制器的一部分——比例控制。其余部分有助于控制反应，以提供更好的响应。

8.3.1 闭环控制

PID 控制器是一组称为闭环控制的算法的其中一员。闭环控制的目的是使用来自被测过程的输入对一个或多个控制进行更改，以补偿当前状态和期望状态之间的差异。有许多不同类型的闭环控制。实际上，闭环控制属于控制理论的一整块研究领域。就我们而言，我们实际上只关心其中一个领域——比例积分微分（PID）。

1. 比例积分微分控制

一个 "PID" 控制器连续计算一个误差值 [$e(t)$，期望设定点和测量过程变量之间的差值]，并基于比例、积分和微分项进行修正。PID 是比例积分微分（Proportional Integral Derivative）的英文首字母缩写，是指为了产生控制信号而对误差信号进行的三项运算。

控制器的作用是对某些输出进行增量调整，以达到预期的结果。在我们的应用中，我们使用来自红外传感器的反馈来调整我们的电动机。理想的行为是机器人在前进时始终保持在路线的中心。该过程可用于任意数量传感器和输出的场合，例如，PID 用于多电动机平台，以保持过程平稳。

顾名思义，PID 算法实际上由三部分组成——比例、积分和微分。每个部分都是一种控制，但是如果单独使用的话，最终的行为会不稳定而且难以预测。

（1）比例控制　在比例控制中，变化量完全根据误差的大小来设定。误差越大，修正就越大。纯比例控制能够达到零误差状态，但难以处理剧烈变化，并会因此导致剧烈的振荡。

（2）积分控制　积分控制不仅考虑误差，还考虑它持续存在的时长。用于补偿错误的修正量会随着时间的推移而增加。一个纯粹的积分控制可以使设备达到零误差状态，但它反应缓慢，容易过度补偿并产生振荡。

（3）微分控制　微分控制不考虑误差，因此它永远不能使设备进入零误差状态。然而，它确实试图将误差的变化减少至零。如果应用了过多的补偿，则算法会超调，然后要应用另一个修正。这个过程还在以这种方式不断继续，产生一种修正不断增加或减少的模式。虽然振荡减小的状态被认为是 "稳定的"，但算法永远无法达到真正的零误差状态。

2. 三者合一

PID 控制器就是这三种方法的总和。通过将它们结合在一起，该算法旨在产生一个平滑的校正过程，同时将误差降到零。我们现在学习一点数学知识。

先定义一些变量。

$e(t)$ 是随时间变化的误差，其中 t 是时间或当前时刻。

K_p 是比例增益参数。当我们开始编写代码时，这是比例变量。

K_i 是积分增益参数，它也是一个变量。

K_d 是微分增益参数，你猜对了，这又是一个变量。

τ 表示随时间变化的积分值，后面我会说到它。

比例项基本上是当前误差乘以 K_p 值，即

$$P_{out} = K_p e(t)$$

积分项有点复杂，因为它考虑了所有已经发生的误差。它是一段时间内的累计误差和累计修正量，即

$$I_{out} = K_i \int_0^t e(\tau)\,\mathrm{d}\tau$$

微分项是随时间变化的原始误差和当前误差的差值，然后乘以微分参数，即

$$D_{out} = K_d \frac{\mathrm{d}e(t)}{\mathrm{d}t}$$

综上所述，我们的 PID 方程如下所示：

$$u(t) = \left[K_p e(t) \right] + \left[K_i \int_0^t e(\tau)\,\mathrm{d}\tau \right] + \left[K_d \frac{\mathrm{d}e(t)}{\mathrm{d}t} \right]$$

数学方面的内容就这么多了。幸运的是，我们不必自己来计算。Python 使所有运算变得非常简单。然而，了解方程式内部发生了什么非常重要。微调 PID 控制器时有 3 个参数需要调整。通过了解这些参数如何使用后，你就能够确定哪些参数需要调整以及何时进行调整。

8.3.2　PID 控制器的实现

为了实现控制器，我们需要弄清楚一些事情。我们期望的结果是什么？我们的输入是什么？我们的输出是什么？

我们的目标是提高巡线机器人的性能。因此，我们期望的结果是：当机器人向前行驶时，路线始终保持在机器人的中心位置。

我们的输入是红外传感器。当外侧传感器位于黑暗区域（路线）上方时，误差是内侧传感器的两倍。这样，我们就能知道机器人是偏离中心一点还是偏离中心很多。另外，两个左侧传感器的值为负值，右侧传感器的值为正值，借此我们将知道机器人偏向哪个方向。

最后，我们的输出是电动机。更准确地说，我们的输出是左、右电动机通道之间的转速差。

1. 代码

本示例的代码是对先前代码的修改。事实上，Arduino 代码根本不需要更改。我们需要更新的是在树莓派上要实现的逻辑功能。

（1）树莓派代码　我们将修改 line_follower1 代码以使用 PID 而不是比例算法。为此，我们需要通过更新函数 getIR 来更新一个名为 sensorErr 的新变量。然后，我们将用 PID 代码替换 followLine 函数中的代码。

1）打开 IDLE IDE 中的 line_follower1 文件。

2）从 File 菜单中选择 Save as，然后将文件另存为 line_follower2. py。

3）在变量部分的注释"#传感器"下，添加以下代码：

```python
# PID
sensorErr = 0
lastTime = int(round(time.time()*1000))
lastError = 0
target = 0
kp = 0.5
ki = 0.5
kd = 1
```

4）创建 PID 函数。

```python
def PID(err):
    # 检查变量在使用前是否定义
    # 首次调用PID时这些变量应该尚未定义
    try: lastTime
except NameError: lastTime = int(round(time.
time()*1000)-1)

try: sumError
except NameError: sumError = 0

try: lastError
except NameError: lastError = 0

# 得到当前时间
now = int(round(time.time()*1000))
duration = now-lastTime

# 计算误差error
error = target - err
sumError += (error * duration)
```

```
dError = (error - lastError)/duration

# 计算PID
output = kp * error + ki * sumError + kd * dError

# 更新变量
lastError = error
lastTime = now

# 返回输出值
return output
```

5）将函数 followLine 替换为以下内容：

```
def followLine():
    leftSpeed = speedDef
    rightSpeed = speedDef

    getIR()

    prString = ''
    for x in range(5):
        prString += ('IR' + str(x) + ': ' +
        str(irSensors[x]) + ' ')
    print prString

    # 检测路线，如果需要则进行修正
    if(irMaxs[0]-irThresh <= irSensors[0]
    <= irMaxs[0]+irThresh):
        sensorErr = 2
    elif(irMaxs[1]-irThresh <= irSensors[1]
    <= irMaxs[1]+irThresh):
        sensorErr = 1
elif(irMaxs[3]-irThresh <= irSensors[3]
<= irMaxs[3]+irThresh):
    sensorErr = -1
elif(irMaxs[4]-irThresh <= irSensors[4]
<= irMaxs[4]+irThresh):
    sensorErr = -1
else:
```

```
        sensorErr = 0

# 得到 PID 结果
ratio = PID(sensorErr)

# 应用 ratio
leftSpeed = speedDef * ratio
rightSpeed = speedDef * -ratio

# 驱动电动机
driveMotors(leftSpeed, rightSpeed, driveTime)
```

6）保存文件。

7）将机器人放在路线上。

8）运行代码。

再一次，你的机器人应该试着跟着路线走。如果这样做存在问题，就可以开始使用 K_p、K_i 和 K_d 变量。需要对这些变量进行微调，以获得最佳结果。这些参数在每个机器人上都是不同的。

8.4 小结

在本章中，我们为机器人添加了一些新的传感器。红外传感器被应用于后续的巡线应用中，它们也可以用来检测表面的边缘。如果要防止机器人从桌子上或楼梯上掉下去，此功能非常有用。

在我们的第一个巡线实现中，使用了一个基本的比例控制来引导机器人。这样做有一些效果，但是效果不大。一个更好的方法是使用称为 PID 控制器的闭环控制，它同时使用了几个因素，包括随时间变化的误差，可以使校正更加平滑。你还了解到，可以使用代码中 K_p、K_i 和 K_d 变量表示的 PID 参数来调整 ID 设置。在适当的取值下，可以完全消除振荡，使机器人能够平稳地进行巡线。

第9章

OpenCV

从第 1 章介绍树莓派开始，我们已经走了很长的一段路。到现在为止，你已经了解了树莓派和 Arduino，学会了如何编程两个电路板，以及掌握了如何使用传感器和电动机。你造好了机器人，并对它进行了编程，使它能够四处漫游，并能跟随一条路线行走。

但老实说，其实你并不需要树莓派就能做到这些事情。事实上，它反而有点碍事。你的机器人所做的一切——漫游和巡线，只用 Arduino 就可以做得很好，根本用不着树莓派。所以现在是时候展示树莓派的真正实力了，并了解为什么要在机器人上使用它。

本章，我们会做一些不能单独用 Arduino 做的事。我们将连接一个简单的网络摄像头，开始使用大家所熟知的计算机视觉。

9.1 计算机视觉

计算机视觉是允许计算机分析图像并提取有用信息的算法集合。它被应用于诸多领域，并迅速成为日常生活中的一部分。如果你有一部智能手机，你可能至少有一个应用程序使用了计算机视觉。大多数新的中高端摄像头都内置了面部检测功能。当然，它也被用于机器人导航、目标检测、避障和许多其他功能。

一切都是从一幅图像开始的。计算机通过分析图像来识别线条、拐角和大面积的颜色。这个过程被称为特征提取，它是几乎所有计算机视觉算法的第一步。一旦特征被提取出来，计算机就可以将这些信息用于许多不同的任务。

人脸识别是通过将特征与包含人脸特征数据的 XML 文件进行比较来实现的。这些 XML 文件称为级联（cascades）。它们可用于许多不同类型的对象，而不仅仅是人脸。同样的技术也可以用于物体识别，你只需为应用程序提供感兴趣对象的特征信息即可。

计算机视觉还包括视频。运动跟踪是计算机视觉的一个常见应用。为了检测运动，计算机会比较由固定摄像头拍摄到的各个帧。如果没有运动，则各帧的特征不会发生变化。因此，如果计算机识别出帧之间的差异，则很可能存在运动。基于计算机视觉的运动跟踪比红外传感器更可靠，如第 8 章讨论的 PIR 传感器。

计算机视觉中令人兴奋的一个最新应用是增强现实。从视频流中提取的特征可用于识别平面上的独特图案。因为计算机事先知道各种图案，所以可以很容易地计算出平面的角度，然后在图案上叠加一个 3D 模型。这个 3D 模型可以是建筑这种物理模型，也可以是附有二维文本的平面对象。架构师使用这种技术向客户展示建筑在天际线的衬托下看起来像是什么样子，而博物馆可以用它来提供更多关于展品或艺术家的信息。

所有这些都是现代环境下计算机视觉的例子。但这样的应用太多太多，而且其数量还在不断增长，所以无法在这里深入讨论。

9.1.1　OpenCV 介绍

就在几年前，业余爱好者还不太容易接触到计算机视觉。它需要大量繁重的数学运算和更繁重的处理。计算机视觉项目通常使用笔记本计算机来实现，这限制了它的应用。

OpenCV 已经存在了一段时间。1999 年，Intel Research 建立了一个促进计算机视觉发展的开放标准。2012 年，它被非营利组织 OpenCV 基金会接管。你可以在其网站上下载最新版本。要想让它在树莓派上跑起来还需要付出一点额外的努力。不过，我们很快就会谈到这个问题。

OpenCV 是用 C++ 编写的，但是它可以在 C、Java 和 Python 中使用。我们感兴趣的是使用 Python 实现。因为我们的电动机控制器库与 Python 3 不兼容，所以我们需要安装适用于 Python 2.7 的 OpenCV。

1. 安装 OpenCV

我们将在树莓派上安装 OpenCV。你要确保树莓派是插在充电器上，而不是插在电池组上的，并给自己准备足够的时间进行安装。我们将使用源代码来编译 OpenCV，这意味着我们将从互联网上下载源代码并直接在树莓派上编译它。请注意，尽管这个过程并不困难，但它需要的时间确实很长，另外还需要输入许多 Linux 命令。我通常在晚上开始这个过程，让最终的编译过程运行一整晚。

1）登录你的树莓派。

2）打开树莓派上的终端窗口。

3）确保树莓派更新为最新。

```
sudo apt-get update
sudo apt-get upgrade
```

```
sudo rpi-update
sudo reboot
```
4）这些命令将完成编译 OpenCV 的预先准备。
```
sudo apt-get install build-essential git cmake pkg-config
sudo apt-get install libjpeg-dev libtiff5-dev
libjasper-dev libpng12-dev
sudo apt-get install libavcodec-dev libavformat-dev
libswscale-dev libv4l-dev
sudo apt-get install libxvidcore-dev libx264-dev
sudo apt-get install libgtk2.0-dev
sudo apt-get install libatlas-base-dev gfortran
```
5）下载 OpenCV 源代码和 OpenCV 贡献文件。贡献文件包含了许多尚未被纳入 OpenCV 主发行版的功能。
```
cd ~
git clone https://github.com/Itseez/opencv.git
cd opencv
git checkout 3.1.0
cd ~
git clone https://github.com/Itseez/opencv_contrib.git
cd opencv_contrib
git checkout 3.1.0
```
6）安装 Python 开发库和 pip。
```
sudo apt-get install python2.7-dev
wget https://bootstrap.pypa.io/get-pip.py
sudo python get-pip.py
```
7）确保已安装 NumPy。
```
pip install numpy
```
8）准备编译源代码。
```
cd ~/opencv
mkdir build
cd build
cmake -D CMAKE_BUILD_TYPE=RELEASE \
    -D CMAKE_INSTALL_PREFIX=/usr/local \
    -D INSTALL_C_EXAMPLES=OFF \
    -D INSTALL_PYTHON_EXAMPLES=ON \
```

```
-D OPENCV_EXTRA_MODULES_PATH=~/opencv_contrib/modules \
-D BUILD_EXAMPLES=ON ..
```

9）现在我们编译源代码。这部分需要一段时间。

有些人试图利用树莓派的 ARM CPU 中的所有 4 个内核。但是，我发现这很容易出错，而且我也从来没有成功过。我的建议是咬紧牙关：让树莓派来确定要使用的内核数量，然后让它自己运行。

如果你想勇敢尝试一下，可以通过在下面的代码中添加 –j4 选项来强制树莓派使用 4 个内核。

```
make
```

10）如果你尝试使用 –j4 选项，但是在大概 4h 后却失败了，请输入以下代码：

```
make clean
make
```

11）编译好源代码后，现在就可以安装了。

```
sudo make install
sudo ldconfig
```

12）打开 Python 命令行测试安装。

```
python
```

13）导入 OpenCV。

```
>>>import cv2
```

现在应该已经在树莓派上安装了 OpenCV 的操作版本。如果 import 命令没有用，你需要查找未安装成功的原因。借助网络可以帮你排除故障。

9.1.2　选择摄像头

在我们真正将 OpenCV 应用于我们的机器人之前，我们需要安装一个摄像头。树莓派有两种选择：树莓派摄像头或 USB 网络摄像头。

树莓派摄像头直接连接到专门为其设计的端口上。连接后，你需要进入 raspi–config 中启用它。树莓派摄像头的优点是它比 USB 摄像头快一点，因为它直接连接到主板上，而不是通过 USB 串行总线进行连接，这使它具备了一点点速度优势。

大多数树莓派摄像头都配有一条 6in（约 15cm）长的短排线。由于我们的机器人上安装了树莓派，所以线的长度是不够的。可以订购更长的线缆，Adafruit 中就有好几个选择。但是，对于本项目，我们将使用一个简单的网络摄像头。

任何电子产品零售商都可以买到 USB 摄像头，网上也有很多选择。对于这个基本应用，我们不需要任何特别的东西，任何能提供清晰图像的摄像头都可以。拥有高分辨率也非必需。由于我们只能使用树莓派上的有限资源来运行摄像头，较低的分辨率实际上更有助于提高性能。记住，OpenCV 会逐像素分析每一帧图像。图像中的像素越多，它要处理的东西就越多。

对于我的机器人，我选择了 Creative 公司出品的 Live! Cam Sync HD（见图 9-1），一个基础高清网络摄像头，它内置了麦克风，并通过一个标准的 USB 2.0 端口进行操作。这个项目不需要麦克风，但将来可能需要。它可以捕捉 720P 高清视频，这对我们的机器人来说可能有点大，但是如果性能受到影响，我是会在软件中把分辨率降下来。

图 9-1 Creative 公司的 Live! Cam Sync HD 摄像头

9.1.3　安装摄像头

大多数网络摄像头都安装在显示器的顶部。通常有一个折叠式的夹子，当摄像头位于显示器上面时为其提供支撑。不幸的是，这些夹子通常是作为摄像头机身的一部分而制成的，在不损坏摄像头的情况下无法移除。Live! Cam Sync HD 摄像头当然也不例外。所以，是时候再一次发挥一点创意了。

我让安装传感器的支架以 45°角从机器人的前部伸出。为了让自己轻松一点，我选择不在摄像头底座上钻孔。相反，我使用的是更加可靠的胶带和 Erector 套件中的几个安装支架。当我安装摄像头的时候，我想把它举得很高，然后再让它稍微朝下。我们的想法是给它前方以及前方任何物体的最佳视角。我也希望镜头尽可能地靠近路线中心，以保证软件方面更加简单。图 9-2 显示了安装摄像头后的机器人。

图 9-2　安装了摄像头的机器人

9. 2　OpenCV 基础知识

OpenCV 有很多功能。它拥有 500 多个库和数千个函数。这个主题很大，大到一本书也讲不完。所以我将讨论在机器人上执行一些简单任务所需的基础知识。

我说的是简单的任务。这些任务之所以简单，是因为 OpenCV 抽象了大量在背后发生的数学问题。当我想起几年前业余机器人的技术状态时，我发现即使是很容易接触到的是一些最基础的东西，也令人惊叹不已。

我们的目标是到本章结束时制造出一个机器人，它可以识别一个球，并能向球移动。我所介绍的函数将帮助我们实现这一目标。我强烈建议花点时间在 OpenCV 网站（https://opencv. org）上浏览一些上面的教程。

要在 Python 代码中使用 OpenCV，需要先导入它。而且，在进行此操作时，可能还需要导入 NumPy 库。NumPy 库添加了大量的数学和数字处理功能，使得使用 OpenCV 更加容易。所有与图像相关的代码都应该像这样开头：

```
import cv2
import numpy as np
```

在本章的代码讨论中，我假设已经完成了这些操作。以 cv2 为前缀的函数是 OpenCV 函数。如果它的前缀是 np，那么它是一个 NumPy 函数。如果你想在书中所读内容的基础上进行拓展，把它们区分开来非常重要。OpenCV 和 NumPy 是两个独立的库，但是 OpenCV 经常会用到 NumPy。

9.2.1 处理图像

在本节中，你将学习如何从文件中打开图像以及如何从摄像头捕获实时视频。然后，我们将研究如何处理和分析图像，以从中获取有用信息。具体来说，我们将研究如何识别特定颜色的球并跟踪它在帧中的位置。

但首先，我们会有一点先有鸡还是先有蛋的问题。我们需要在所有练习中看到图像处理的结果，为此，我们需要从如何显示图像开始。这是我们要大量使用的东西，而且它使用起来非常容易。但是我想确保在学习如何捕捉图像之前，先介绍一下它。

1. 显示图像

实际上，在 OpenCV 中显示图像非常容易。函数 imshow（）提供了此功能。该函数适用于静态图像和视频图像，两者的实现并没有什么不同。函数 imshow（）将打开一个用于显示图像的新窗口。当你调用它时，你必须提供窗口的名称以及要显示的图像或帧。

这是关于 OpenCV 如何处理视频的重要一点。因为 OpenCV 将视频视为一系列单独的帧，几乎所有用于修改或分析图像的函数都适用于视频，这显然也包括了 imshow（）。

如果要显示加载到变量 img 中的图像，可以这么做：

```
cv2.imshow('img', img)
```

在本例中，第一个参数是窗口的名称，它出现在窗口的标题栏中。第二个参数是保存图像的变量。显示视频的格式完全相同。我通常使用变量 cap 表示视频采集，因此代码如下所示：

```
cv2.imshow('cap', cap)
```

如你所见，代码是相同的。同样，这是因为 OpenCV 将视频视为一系列单独的帧。实际上，视频采集时需要靠一个循环来连续采集下一帧。所以从本质上说，从一个文件显示一个静态图像和一个单独的摄像头帧是完全相同的。

关于图像显示还需要一个元素。要实际显示图像，函数 imshow（）还需要调用函数 waitKey（）。该函数将在指定的数毫秒时间内，等待某个按键按下。很多人用它来捕获退出键。我一般都是传入 0 值，除非我确实需要一个按键。

```
cv2.waitKey(0)
```

在本章中，我们会大量使用 imshow（）和 waitKey（）这两个函数。

9.2.2 图像采集

使用 OpenCV 所需的图像有几种来源，所有这些来源都是由于两个因素在变化：文件或摄像头，静态的或者是视频。在大多数情况下，我们只关心摄像头的视频，因为我们要使用OpenCV 来进行导航。但是所有的方法都有各自优点。

打开静态图像文件是学习新技术的极好方法，尤其是当你处理计算机视觉的某个特定方面时。例如，如果你正在学习如何使用过滤器来识别特定颜色的球，那么使用只由三个不同颜色的球组成的静态图像可以让你专注于特定的目标，而不必担心捕获实时视频流的基础框架。哦，如果你没有意识到这一点的话，这其实是一个伏笔。

从用摄像头拍摄静态图像中学习到的技术可以应用到实际环境中，使用包含真实世界元素的图像可以让你得到磨炼或对代码进行微调。

显然，采集实时视频是我们在使用机器人时所追求的目标。我们将使用实时视频流来识别目标对象，然后再导航到它的位置上。随着你在计算机视觉方面的经验的增长，你可能会在你的技能包里加上运动检测或其他方法。由于机器人上的摄像头是用来实时采集环境信息的，所以我们需要采集实时视频。

文件视频对于学习也非常有用。你可能需要从机器人上采集实时视频，并将其保存到一个文件中以供后期分析。假设你一天中的所有空闲时间都在做你的机器人项目。你可以随身携带笔记本计算机，但是随身带着一个机器人则另当别论了。所以，如果你从机器人上录下视频，就可以在没有机器人的情况下研究你的计算机视觉算法。

请记住，Python 和 OpenCV 的一大优点在于它们的抽象性，而且在很大程度上是与平台无关的。因此，你在 Windows 操作系统的计算机上编写的代码可以直接移植到树莓派上。

出差时，希望在酒店休息一下？放假在家，偶尔需要离开一下？在午餐时间或课间编写一小会机器人程序？可以用 Python 和 OpenCV 的本地实例处理录制好的视频，以此来研究你的检测算法。当你回到家后，就可以把代码传输到机器人上进行现场测试。

在本节中，我们将使用前三种技术。我将向你展示如何保存和打开视频文件，但在大多数情况下，我们将使用静态图像来学习检测算法，使用实时视频来学习跟踪。

1. 打开图像文件

OpenCV 使处理图像和文件变得非常简单，特别是对后台发生事情的考虑，使这些操作成为可能。打开图像文件也一样。我们使用函数 imread（）从本地存储中打开图像文件。该函数需要两个参数：文件名和颜色类型标志。文件名显然是打开文件所必需的，颜色类型标志决定是以彩色还是灰度方式打开图像。

我们打开并显示一个图像。我将使用一张包含三个彩色球的图像，这张图像在本章后面学习如何检测颜色时也会用到。这个示例可以在树莓派上或在你的计算机上进行，只要你安装了 Python 和 OpenCV。

1）打开 IDLE IDE 并创建一个新文件。

2）将文件保存为 open_image. py。

3）输入以下代码：

```
import cv2

img = cv2.imread('color_balls_small.jpg')
cv2.imshow('image',img)

cv2.waitKey(0)
```

4）保存文件。

5）打开终端窗口。

6）导航至保存文件的文件夹。

7）输入 python open_image. py，然后按 Enter 键。

此时会打开一个窗口，窗口中显示了一张图像，在白色背景上有三个彩色的球（见图 9-3），按任意键可以关闭它。

图9-3 三个彩色的球

因为 IDLE 与 Linux 操作系统机器上的 GUI 系统的交互方式的原因，如果直接从 IDLE 运行代码，图像窗口将无法正常关闭。但是，如果从终端运行代码，就没有这个问题。

2. 视频采集

用摄像头采集视频和打开文件有点不同。使用视频还有几个额外步骤。一个不同是我们必须使用一个循环来获取多个帧，否则 OpenCV 将只捕获一个帧，这不是我们想要的。通常使用无限 while 循环，这将不停地采集视频，直到我们主动停止它。

为了便于测试，我把球直接放在摄像头前面（见图 9-4）。现在，我们来捕捉图像。

要从摄像头采集视频，我们将创建一个对象 videoCapture（），然后在循环中使用方法 read（）来捕获帧。方法 read（）返回两个对象：一个返回值和一个图像帧。返回值只是一个整数，用于验证读取是否成功。如果读取成功则返回值为 1，否则表示读取失败并返回 0。为了避免读取失败导致代码出错，可以测试一下读取是否成功。

我们关心的是图像帧。如果读取成功，则返回图像。如果失败，则返回一个对象 null。因为对象 null 不能访问 OpenCV 方法，所以当你试图修改或处理图像时，代码就会崩溃。这

图9-4 将球置于机器人前方用于测试

就是为什么要先测试读取操作是否成功的原因。

（1）查看摄像头 在下一个示例中，我们将打开前面安装的摄像头以查看视频。

1）打开 IDLE IDE 并创建一个新文件。

2）将文件保存为 view_camera.py。

3）输入以下代码：

```python
import cv2
import numpy as np

cap = cv2.VideoCapture(0)
while(True):
    ret,frame = cap.read()

    cv2.imshow('video', frame)
    if cv2.waitKey(1) & 0xff == ord('q'):
        break

        cap.release()
        cv2.destroyAllWindows()
```

4）保存文件。

5）打开终端窗口。

6）导航至保存脚本的工作文件夹。

7）键入 sudo python view_camera.py。

这将打开一个窗口，以显示你的摄像头现在看到的内容。如果你正在使用远程桌面会话在树莓派上工作，你可能会看到以下警告消息："Xlib：extension RANR missing on display：10"。此消息表示系统正在查找 vncserver 中未包含的功能。可以忽略该警告。

如果你关心的是视频图像的刷新率，请记住，当我们通过远程桌面会话运行多个窗口时，我们请求的是非常多个树莓派。如果你连接显示器和键盘来访问树莓派，它的运行速度会快得多。如果在没有可视化的情况下运行视频采集任务，它的工作速度会更快。

（2）录制视频　录制视频是观看摄像头的延伸。录制时，必须声明要使用的视频编解码器，然后设置将传入视频写入 SD 卡的 VideoWriter 对象。

OpenCV 使用 FOURCC 代码指定编解码器。FOURCC 是一种用于视频编解码器的四字符代码。有关 FOURCC 的更多信息，请访问 www. fourcc. org。

在创建对象 VideoWriter 时，我们需要提供一些信息。首先，我们必须提供所保存视频的文件名。接下来，我们要提供编解码器，然后是帧速率和分辨率。一旦创建了对象 VideoWriter，我们只需使用它的方法 write（）将每个传入视频写入到文件中即可。

我们录制一些机器人的视频。我们将使用 XVID 编解码器，写入名为 test_video. avi 的文件。我们将使用上一个练习中的视频采集代码，而不是从头开始编写。

1）在 IDLE IDE 中打开 view_camera. py 文件。

2）选择 File➤Save as，将文件另存为 record_camera. py。

3）更新代码。以下代码中使用粗体表示新增的代码：

```
import cv2
import numpy as np

cap = cv2.VideoCapture(0)
fourcc = cv2.VideoWriter_fourcc(*'XVID')
vidWrite = cv2.VideoWriter('test_video.avi', \
                fourcc, 20, (640,480))

while(True):
    ret,frame = cap.read()

    vidWrite.write(frame)

    cv2.imshow('video', frame)
    if cv2.waitKey(1) & 0xff == ord('q'):
        break

cap.release()
vidWrite.release()
cv2.destroyAllWindows()
```

4）保存文件。

5）打开终端窗口。

6）导航至保存脚本的工作文件夹。

7）键入 sudo python record_camera. py。

8）让视频运行几秒钟，然后按 Q 键结束程序并关闭窗口。

现在，你的工作目录中应该有一个视频文件。接下来，我们来看看如何从文件中读取视频。

代码中有几点需要注意。当我们创建对象 VideoWriter 时，视频分辨率是以元组形式提供的。这是整个 OpenCV 中非常常见的做法。同时，我们必须释放对象 VideoWriter，以关闭文件停止写入。

（3）从文件读取视频　从文件回放视频与从摄像头观看视频完全相同。唯一的区别是，我们提供要播放的文件的名称，而不是为视频设备提供索引。我们将使用变量 ret 来测试视频文件的结尾，否则当没有更多的视频可以播放时，程序就会出错。

在本示例中，我们将简单地播放上一个练习中录制的视频。对你来说，代码看起来应该非常熟悉。

1）打开 IDLE IDE 并创建一个新文件。

2）将文件保存为 view_video. py。

3）输入以下代码：

```python
import cv2
import numpy as np

cap = cv2.VideoCapture('test_video.avi')

while(True):
    ret,frame = cap.read()

    if ret:
        cv2.imshow('video', frame)
    if cv2.waitKey(1) & 0xff == ord('q'):
        break

cap.release()
cv2.destroyAllWindows()
```

4）保存文件。

5）打开终端窗口。

6）导航至保存脚本的工作文件夹。

7）键入 sudo python view_video. py。

这将打开一个窗口，显示我们在上一个示例中录制的视频文件。到达文件结尾时，视频停止，按 Q 键结束程序并关闭窗口。

9.2.3　图像变换

现在你已经知道了怎样获取图像，下面我们来看看可以用它们做些什么。我们会学习一些非常基础的操作。之所以选择这些操作，是因为它们能帮我们实现跟踪球的目标。OpenCV 非常强大，它的功能比我这里介绍的要多得多。

1. 翻转

很多时候，摄像头在项目中的位置并不理想。通常，我不得不把摄像头倒置，或者因为某种原因需要翻转图像。

幸运的是，OpenCV 使用方法 flip（）使翻转变得非常简单。方法 flip（）需要三个参数：要翻转的图像、指示如何翻转图像的代码以及翻转后图像的目标路径。最后一个参数仅在要将翻转的图像指定给另一个变量时使用，你也可以就地翻转图像。

通过提供 flipCode，可以水平、垂直或两个方向同时翻转图像。flipCode 的取值可以为正值、负值或零。零表示水平翻转图像，正值表示垂直翻转图像，负值表示在两个轴上同时翻转图像。通常，你会在两个轴上同时翻转图像，让图像旋转 180°。

我们使用前面三个球的图像来演示如何翻转帧。

1）打开 IDLE IDE 并创建一个新文件。

2）将文件保存为 flip_image. py。

3）输入以下代码：

```python
import cv2

img = cv2.imread('color_balls_small.jpg')
h_img = cv2.flip(img, 0)
v_img = cv2.flip(img, 1)
b_img = cv2.flip(img, -1)

cv2.imshow('image', img)
cv2.imshow('horizontal', h_img)
cv2.imshow('vertical', v_img)
cv2.imshow('both', b_img)

cv2.waitKey(0)
```

4）保存文件。

5）打开终端窗口。

6）导航至保存文件的文件夹。

7）输入 python flip_image. py，然后按 Enter 键。

此时会打开 4 个窗口，每个窗口都是不同版本的图像文件，可以按任意键退出。

2. 调整大小

你可以调整图像的大小，这有助于减少处理图像所需的资源。图像越大，需要的内存和 CPU 资源就越多。我们使用方法 resize（）来调整图像的大小。其参数是要缩放的图像、元组形式的目标尺寸以及插值选项。

插值是用于确定如何处理像素的删除或添加操作的数学方法。请记住，在处理图像时，实际上是在使用多维数组，该数组包含组成图像的每个点或像素的信息。当你缩小图像时，其实是在删除像素。而放大图像时，其实是在添加像素。插值是执行这些操作时所用的方法。

有三种插值选项。INTER_AREA 最适用于缩小图像。INTER_CUBIC 和 INTER_LINEAR 都适用于放大图像，两者中 INTER_LINEAR 更快一些。如果未提供插值选项，OpenCV 将使用 INTER_LINEAR 作为缩小和放大的默认值。

三个球的图像目前为 800×533 像素。虽然尺寸不大，但我们会把它再缩小一点：两个轴的大小都缩小到一半。为此，我们将使用 INTER_AREA 插值。

1）打开 IDLE IDE 并创建一个新文件。

2）将文件保存为 resize_image. py。

3）输入以下代码：

```
import cv2

img = cv2.imread('color_balls_small.jpg')
x,y = img.shape[:2]
resImg = cv2.resize(img, (y/2, x/2), interpolation =
cv2.INTER_AREA)

cv2.imshow('image', img)
cv2.imshow('resized', resImg)

cv2.waitKey(0)
```

4）保存文件。

5）打开终端窗口。

6）导航至保存文件的文件夹。

7）输入 python resize_image. py，然后按 Enter 键。

此时应该会打开两个窗口。第一个窗口显示原始图像，第二个窗口显示缩小后的图像，可以按任意键关闭窗口。

9.2.4　处理颜色

颜色显然是处理图像时一个非常重要的部分。因此，它也是 OpenCV 的一个非常突出的功能。用颜色可以做很多事情。我们将注意力集中在几个关键要素上，以实现我们的最终目标，即用机器人识别和追踪球。

1. 颜色空间

处理颜色的关键元素之一是颜色空间（color space），它描述了 OpenCV 如何表达颜色。在 OpenCV 中，颜色由一系列数字表示。颜色空间决定了这些数字的含义。

OpenCV 的默认颜色空间是 BGR。这意味着每种颜色都由 0 ~ 255 之间的三个整数来描述，这三个整数依次对应于蓝色、绿色和红色这三个颜色通道。表示为（255，0，0）的颜色在蓝色通道中有一个最大值——255，绿色、红色两个通道都是 0，这表示纯蓝色。同样，（0，255，0）是绿色，（0，0，255）是红色。值（0，0，0）表示黑色，即没有任何颜色，而（255，255，255）表示白色。

如果你以前处理过图形，BGR 很可能与你的习惯相反。大多数数字图形是用 RGB（红绿蓝）来描述的。所以，这可能需要一点时间来适应。

有很多颜色空间。我们关心的是 BGR、RGB、HSV 和灰度。我们已经讨论了默认颜色空间、BGR 和常见的 RGB 颜色空间。HSV 是色调（Hue）、饱和度（Saturation）和值（Value）。色调表示 0 ~ 180 范围内的颜色。饱和度表示离白色有多远，取值为 0 ~ 255。值是颜色离黑色有多远的度量，取值为 0 ~ 255。如果饱和度和值都为 0，则颜色为灰色。饱和度和值都是 255 时，是色调的最亮版本。

色调有点棘手，它的取值范围是 0 ~ 180，其中 0 和 180 都是红色的。在这里，记住色轮很重要。如果 0 和 180 是在色轮顶部红色空间的中部重合，当你顺时针绕着色轮移动时，色调等于 30 时是黄色，色调等于 60 时是绿色，色调等于 90 时是蓝绿色，色调等于 120 时是蓝色，色调等于 150 时是紫色，色调等于 180 时我们又回到了红色。

你最常遇到的是灰度（Grayscale）。灰度就是听起来的那样——图像的黑白形式。特征检测算法使用它来创建蒙版（mask），我们会用它来过滤对象。

要将图像转换为不同的颜色空间，可以使用方法 cvtColor。它需要两个参数：图像和颜色空间常量。颜色空间常量内置于 OpenCV 中，它们是 COLOR_BGR2RGB、COLOR_BGR2HSV 和 COLOR_BGR2GRAY。你发现其中的模式了吗？如果要从 RGB 颜色空间转换为 HSV 颜色空间，则常量为 COLOR_RGB2HSV。

我们把三个彩色球的图像转换成灰度图像。

1）打开 IDLE IDE 并创建一个新文件。

2）将文件保存为 gray_image. py。

3）输入以下代码：

```
import cv2

img = cv2.imread('color_balls_small.jpg')
grayImg = cv2.cvtColor(img, cv2.COLOR_BGR2GRAY)

cv2.imshow('img', img)
cv2.imshow('gray', grayImg)

cv2.waitKey(0)
```

4）保存文件。

5）打开终端窗口。

6）导航至保存文件的文件夹。

7）输入 python gray_image. py，然后按 Enter 键。

这将打开两个窗口：一个窗口是原始彩色图像，另一个窗口是灰度图像，可以单击任意键退出程序并关闭窗口。

2. 颜色过滤器

过滤一种颜色所需的代码非常少，但同时，这可能会有点令人沮丧，因为你通常不是在寻找一个特定的颜色，而是一个颜色范围。颜色很少是纯粹的或者只有一个取值。这就是为什么我们希望能够在颜色空间之间进行转换。当然，我们可以在 BGR 颜色空间中找到红色。但要做到这一点，我们需要所有三个值的具体范围。所有颜色空间都是这样，但通常在 HSV 颜色空间更容易找到所需的范围。

用于过滤特定颜色的策略相当简单，但其中涉及好几个步骤，并且在整个过程中有几点需要注意。

首先，我们将在 HSV 颜色空间中复制一个图像。然后应用我们的过滤范围，使其成为单独的图像。为此，我们使用方法 inRange（），它需要三个参数：我们要应用过滤器的图像、值的下限和上限。方法 inRange 扫描所提供图像中的所有像素，以确定它们是否在指定的范围内。如果是则返回 true 或 1，否则返回 0。结果是一张黑白图像，我们可以用它来作为一个蒙版。

接下来，我们使用方法 bitwise_and（）应用蒙版。此方法获取两个图像并返回像素匹配的区域。因为这不是我们想要的，我们需要一点小技巧。出于我们的目的，bitwise_and（）需要三个参数：图像1、图像2 和蒙版。因为我们要返回蒙版显示的所有内容，所以图1和图2都使用原始图像，然后我们通过指定 mask 参数来应用蒙版。因为我们省略了一些可选参数，所以需要显式地指定 mask 参数，像这样：mask = mask_image。结果是一个图像，它只显示了我们要过滤的颜色。

最简单的展示方法是走一遍。一旦你知道是怎么回事了，代码其实非常简单。

1）打开 IDLE IDE 并创建一个新文件。

2）将文件保存为 blue_filter. py。

3）输入以下代码：

```
import cv2

img = cv2.imread("color_balls_small.jpg")
imgHSV = cv2.cvtColor(img, cv2.COLOR_BGR2HSV)

lower_blue = np.array([80,120,120])
upper_blue = np.array([130,255,255])

blueMask = cv2.inRange(imgHSV,lower_blue,upper_blue)

res = cv2.bitwise_and(img, img, mask=blueMask)

cv2.imshow('img', img)
cv2.imshow('mask', blueMask)
cv2.imshow('blue', res)

cv2.waitKey(0)
```

4）保存文件。

5）打开终端窗口。

6）导航至保存文件的文件夹。

7）输入 python blue_filter. py，然后按 Enter 键。

三个窗口显示了不同版本的三个图像。第一个是常规图像。第二个是一个黑白图像，充当我们的蒙版。第三个是最终的蒙版后的图像，只显示蒙版白色区域下的像素。

我们花点时间浏览一下代码，弄清楚我们在做什么以及为什么要这么做。

代码开始处和所有脚本一样，先导入 OpenCV 和 NumPy，然后加载图像。

```
import cv2
import numpy as np
img = cv2.imread("color_balls_small.jpg")
```

接下来，我们复制图像并将其转换为 HSV 颜色空间。

```
imgHSV = cv2.cvtColor(img, cv2.COLOR_BGR2HSV)
```

一旦进入 HSV 颜色空间，就更容易过滤出蓝色的球。正如我所讨论的，纯蓝色的色调值是 120。因为我们过滤的对象不太可能是纯蓝色，所以我们需要给它一个颜色范围。在本例中，我们要查找 80～130 之间的所有值，其中 80 是介于绿色和蓝色之间的中间值。我们还想过滤不接近白色或黑色的颜色，因此我们分别使用 120 和 255 作为饱和度和值的范围。为了确保过滤器范围采用 OpenCV 能够理解的格式，我们将它们创建为 NumPy 数组。

```
lower_blue = np.array([80,120,120])
upper_blue = np.array([130,255,255])
```

指定了过滤器范围后，我们就可以在方法 inRange（）中使用它们，以确定 HSV 版本图像中的像素是否在我们要查找的蓝色范围内。这将创建排除了所有非蓝色像素的蒙版图像。

```
blueMask = cv2.inRange(imgHSV,lower_blue,upper_blue)
```

接下来，我们使用 bitwise_and（）来应用蒙版。因为我们希望返回蒙版内图像的所有像素，所以我们将原始图像作为图像 1 和图像 2 传入。这会将图像与其自身进行比较并返回整个图像，因为图像中的每个像素都是匹配的。

```
res = cv2.bitwise_and(img, img, mask=blueMask)
```

最后，我们显示原始图像、蒙版和过滤后的图像。然后我们等待一个键被按下，以关闭窗口并退出程序。

```
cv2.imshow('img', img)
cv2.imshow('mask', blueMask)
cv2.imshow('blue', res)

cv2.waitKey(0)
```

如你所见，一旦你知道了工作原理，过滤一种颜色是非常容易的。不过当你过滤红色的时候会变得更复杂一些。红色出现在色调谱的低端和高端，因此你必须创建两个过滤器然后组合生成一个蒙版。这可以通过 OpenCV 的方法 add（）来轻松完成，看起来像这样：

```
combinedMask = cv2.add(redMask1, redMask2)
```

最后得到一个图像，图像中只有你想要的像素。在人眼看来，很容易识别出相关群体。但对于计算机来说，情况却并非如此。从本质上讲，计算机无法识别黑色像素和蓝色像素之间的差异。这时就轮到斑点检测出场了。

9.2.5 斑点和斑点检测

斑点（Blob）是相似像素的集合。它们可以是任何东西，从单调的圆圈到 jpeg 图像。对于计算机来说，像素就是一个像素，它并不能区分是球面的图像还是平面的图像。这就是计算机视觉如此具有挑战性的原因。我们开发了许多不同的技术来尝试推断图像中的信息，每种技术在速度和准确性上都互有取舍。

大多数技术都使用了一个称为特征提取（Feature Extraction）的过程，这是一个算法集合的通用术语，这些算法用于对图像中的突出特征进行分类，如线条、边缘、大片颜色区域等。一旦这些特征被提取出来，就可以对它们进行分析或与其他特征进行比较，从而对图像做出判断。这就是面部检测和运动检测等功能的工作原理。

我们将使用一种更加简单的方法来跟踪对象。我们并非在提取详细的特征后再对其进行分析，而是使用上一节中的颜色过滤技术来识别大面积的颜色。之后我们将使用内置函数来收集像素组的信息。这种更加简单的技术被称为斑点检测（Blob Detection）。

1. 找到一个斑点

使用 OpenCV 进行斑点检测相当简单，尤其是我们已经过滤掉了所有不想要东西，因为这项工作才最为繁重。一旦图像被过滤，我们就可以使用蒙版进行单纯的斑点检测。OpenCV 中的 SimpleBlobDetector 类可以标识斑点的位置和大小。

SimpleBlobDetector 类并不像你想象的那么简单。其有许多内置参数需要启用或禁用。如果启用，你需要确保这些值适用于你的应用程序。

设置参数的方法是 SimpleBlobDetector_Params（），创建检测器的方法是 SimpleBlobDetector_create（）。将参数传递给方法 create，以确保所有设置都正确无误。

一旦设置了参数并正确创建了检测器，就可以使用方法 detect（）来标识关键点。在简单斑点检测器中，关键点表示任何检测到的斑点的中心及其大小。

最后，我们用方法 drawKeyPoints（）在斑点附近画一个圆。默认情况下，这会在斑点的中心绘制一个小圆。但是，也可以传入一个标志，使圆的大小和斑点的大小相关。

我们看一个例子。我们将使用上一个示例中的过滤器代码，并添加上斑点检测功能。在本示例中，我们将过滤图像中的蓝色球。然后我们用蒙版找到球的中心，并在其周围画一个圆。

1）打开 IDLE IDE 并创建一个新文件。

2）将文件保存为 simple_blob_detect.py。

3）输入以下代码：

```python
import cv2
import numpy as np

img = cv2.imread("color_balls_small.jpg")
imgHSV = cv2.cvtColor(img, cv2.COLOR_BGR2HSV)

# 设置参数
params = cv2.SimpleBlobDetector_Params()

params.filterByColor = False
params.filterByArea = False
params.filterByInertia = False
params.filterByConvexity = False
params.filterByCircularity = False

# 创建斑点检测器
```

```
det = cv2.SimpleBlobDetector_create(params)

lower_blue = np.array([80,120,120])
upper_blue = np.array([130,255,255])

blueMask = cv2.inRange(imgHSV,lower_blue,upper_blue)

res = cv2.bitwise_and(img, img, mask=blueMask)

# 获取关键点
keypnts = det.detect(blueMask)

# 画出关键点
cv2.drawKeypoints(img, keypnts, img, (0,0,255),
        cv2.DRAW_MATCHES_FLAGS_DRAW_RICH_KEYPOINTS)

cv2.imshow('img', img)
cv2.imshow('mask', blueMask)
cv2.imshow('blue', res)

# 将关键点坐标和大小输出至终端
for k in keypnts:
    print k.pt[0]
    print k.pt[1]
    print k.size

cv2.waitKey(0)
```

4）保存文件。

5）打开终端窗口。

6）导航至保存文件的文件夹。

7）输入 python simple_blob_detect. py，然后按 Enter 键。

这将打开三个版本的图像。但是，原始图像中现在有一个围绕蓝色球绘制的红色圆圈。在终端窗口中，我们输出了球中心的坐标以及球的大小。在本章后面我们开始跟踪球时会用到球中心的位置数据。

（1）参数　SimpleBlobDetector 类需要几个参数才能正常工作。

强烈建议通过将相应的参数设置为 True 或 False，以显式启用或禁用所有过滤器选项。如果启用了过滤器，你还需要为其设置参数，默认参数配置只适用于提取暗圆形斑点。

在上一个示例中，我们简单地禁用了所有过滤器。因为我们使用的是一个经过过滤的球的图像，而图像中只有一个斑点，所以我们不需要添加其他的过滤器。而从技术上来说，你可以单独使用 SimpleBlobDetector 的参数，而不需要事先过滤掉一切，要调整所有的参数才能得到我们想要的结果，这可能更具挑战性。另外，我们使用的方法允许你更深入地了解 OpenCV 在背后所做的工作。

理解 SimpleBlobDetector 的工作原理对于更好地理解如何使用过滤器非常重要。有几个参数可以用来微调结果。

首先，通过应用阈值将图像转换为多个二值图像。minThreshold 和 maxThreshold 决定了整个范围，而 thresholdStep 决定了阈值之间的步长。

然后使用 findContours（）处理每个二进制图像的轮廓。这使系统可以计算出每个斑点的中心。在已知中心的情况下，使用 minDistanceBetweenBlobs 参数将几个斑点组合成一组。

组的中心作为关键点返回，组的总直径也一并返回。计算每个过滤器的参数后应用过滤器。

（2）过滤器　下面列出了各种过滤器及其相应参数。

1）filterByColor：这将过滤每个二值图像的相对强度。它测量斑点中心的强度值，并将其与 blobColor 参数进行比较。如果它们不匹配，则该斑点不符合条件。强度的测量范围是从 0 ~ 255，0 表示暗，255 表示亮。

2）filterByArea：将单独的斑点分组后，将计算它们的总面积。此过滤器查找 minArea 和 maxArea 之间的斑点。

3）filterByCircularity：圆度由以下公式计算：

$$\frac{4 \times \pi \times 面积}{周长 \times 周长}$$

这将返回一个介于 0 ~ 1 之间的比值，并与 minCircularity 和 maxCircularity 进行比较。如果值介于两个参数之间，则斑点将包含在结果中。

4）filterByInertia：惯性是对斑点拉长程度的估计，它是一个介于 0 ~ 1 之间的比值。如果该值介于 minInertiaRatio 和 maxInertiaRatio 之间，则斑点被返回至关键点结果中。

5）filterByConvexity：凸性是一个值介于 0 ~ 1 之间的比值，它测量的是一个斑点中凸、凹曲线之间的比值。凸性的参数有 minConvexity 和 maxConvexity。

（3）斑点跟踪　我们在上一节中看到，斑点中心的 x 和 y 坐标作为关键点的一部分返回，用于跟踪斑点。你需要使用机器人摄像头的实时视频流来跟踪斑点，然后定义在项目中怎样进行跟踪。最简单的跟踪方式就是简单地根据斑点位置移动生成的圆。

1）打开 IDLE IDE 并创建一个新文件。

2）将文件保存为 blob_tracker.py。

3）输入以下代码：

```
import cv2
import numpy as np

cap = cv2.VideoCapture(0)

# 设置检测器及参数
```

```python
params = cv2.SimpleBlobDetector_Params()

params.filterByColor = False
params.filterByArea = True
params.minArea = 20000
params.maxArea = 30000
params.filterByInertia = False
params.filterByConvexity = False
params.filterByCircularity = True
params.minCircularity = 0.5
params.maxCircularity = 1

det = cv2.SimpleBlobDetector_create(params)

# 定义蓝色
lower_blue = np.array([80,60,20])
upper_blue = np.array([130,255,255])

while True:
    ret, frame = cap.read()

    imgHSV = cv2.cvtColor(frame, cv2.COLOR_BGR2HSV)

    blueMask = cv2.inRange(imgHSV,lower_blue,upper_blue)
    blur= cv2.blur(blueMask, (10,10))

    res = cv2.bitwise_and(frame, frame, mask=blueMask)

    # 获取并绘制关键点
    keypnts = det.detect(blur)

    cv2.drawKeypoints(frame, keypnts, frame, (0,0,255),
                    cv2.DRAW_MATCHES_FLAGS_DRAW_RICH_
                    KEYPOINTS)

    cv2.imshow('frame', frame)
    cv2.imshow('mask', blur)

    for k in keypnts:
        print k.size
```

```
if cv2.waitKey(1) & 0xff == ord('q'):
    break

cap.release()
cv2.destroyAllWindows()
```

4）保存文件。

5）打开终端窗口。

6）导航至保存文件的文件夹。

7）输入 sudo python blob_tracker. py，然后按 Enter 键。

此时会打开两个窗口：一个窗口显示用于过滤颜色的蒙版，另一个窗口显示视频流。在斑点的周围应该绘制出一个圆。

我启用了 filterByArea 和 filterByCircularity，以确保我得到的只有球。你可能需要调整检测器的参数来微调滤波器。

9.3　追球机器人

你现在知道如何用安装在机器人上的网络摄像头来追踪一个斑点了。在第 8 章中，你学习了一种叫作 PID 控制器的巡线算法。当我们把 PID 控制器和我们的球跟踪程序结合起来时又会发生什么呢？

接下来，我们给这个小型机器人编程，让它去追一直在跟踪的那个蓝球。要做到这一点，你将使用刚刚学到的关于斑点跟踪的知识，以及在第 8 章学到的知识。

PID 控制器的期望输入是与期望结果的偏差。所以，我们需要先定义期望结果。在本例中，我们的目标是让球保持在画面的中间。所以我们的误差值将是到中心的方差，这也意味着我们需要定义画面的中心。一旦我们定义了中心，偏差就是从中心的 x 位置减去球的 x 位置。同样，我们还将从中心的 y 位置减去球的 y 位置。

现在我们可以使用两个 PID 控制器来保持球在画面的中心。第一个控制器控制机器人。当球沿 x 轴移动时，偏差要么是负值要么是正值。如果是正值，则向左行驶。如果是负值，则向右行驶。同样，我们可以用 y 轴来控制机器人的速度。y 偏差为正值时驱动机器人前进，y 偏差为负值时驱动机器人后退。

1）打开 IDLE IDE 并创建一个新文件。

2）将文件保存为 ball_chaser. py。

3）输入以下代码：

```
import cv2
```

```python
import numpy as np
import time

from Adafruit_MotorHAT import Adafruit_MotorHAT as amhat
from Adafruit_MotorHAT import Adafruit_DCMotor as adamo

# 创建电动机对象
motHAT = amhat(addr=0x60)
mot1 = motHAT.getMotor(1)
mot2 = motHAT.getMotor(2)
mot3 = motHAT.getMotor(3)
mot4 = motHAT.getMotor(4)

motors = [mot1, mot2, mot3, mot4]

# 电动机乘法器
motorMultiplier = [1.0, 1.0, 1.0, 1.0, 1.0]

# 电动机转速
motorSpeed = [0,0,0,0]

# 转速
speedDef = 100
leftSpeed = speedDef
rightSpeed = speedDef
diff= 0
maxDiff = 50
turnTime = 0.5

# 创建摄像头对象
cap = cv2.VideoCapture(0)
time.sleep(1)

# PID
kp = 1.0
ki = 1.0
kd = 1.0
ballX = 0.0
ballY = 0.0
```

```python
x = {'axis':'X',
     'lastTime':int(round(time.time()*1000)),
     'lastError':0.0,
     'error':0.0,
     'duration':0.0,
     'sumError':0.0,
     'dError':0.0,
     'PID':0.0}
y = {'axis':'Y',
     'lastTime':int(round(time.time()*1000)),
     'lastError':0.0,
     'error':0.0,
     'duration':0.0,
     'sumError':0.0,
     'dError':0.0,
     'PID':0.0}

# 设置检测器
params = cv2.SimpleBlobDetector_Params()

# 定义检测器参数
params.filterByColor = False
params.filterByArea = True
params.minArea = 15000
params.maxArea = 40000
params.filterByInertia = False
params.filterByConvexity = False
params.filterByCircularity = True
params.minCircularity = 0.5
params.maxCircularity = 1

# 创建斑点检测器对象
det = cv2.SimpleBlobDetector_create(params)
# 定义蓝色
lower_blue = np.array([80,60,20])
upper_blue = np.array([130,255,255])

def driveMotors(leftChnl = speedDef, rightChnl = speedDef,
```

```
                duration = defTime):
    # 通过将通道值乘以电动机乘法器计算每台电动机的转速

    motorSpeed[0] = leftChnl * motorMultiplier[0]

    motorSpeed[1] = leftChnl * motorMultiplier[1]

    motorSpeed[2] = rightChnl * motorMultiplier[2]

    motorSpeed[3] = rightChnl * motorMultiplier[3]

    # 设置每台电动机转速。因为转速可能为负值，所以取绝对值
    for x in range(4):
        motors[x].setSpeed(abs(int(motorSpeed[x])))

    # 运行电动机。如果通道值为负，则电动机反转，否则电动机正转
    if(leftChnl < 0):

        motors[0].run(amhat.BACKWARD)

        motors[1].run(amhat.BACKWARD)

    else:

        motors[0].run(amhat.FORWARD)

        motors[1].run(amhat.FORWARD)

    if (rightChnl > 0):

        motors[2].run(amhat.BACKWARD)

        motors[3].run(amhat.BACKWARD)

    else:

        motors[2].run(amhat.FORWARD)

        motors[3].run(amhat.FORWARD)

def PID(axis):
    lastTime = axis['lastTime']
    lastError = axis['lastError']

    # 获取当前时间
    now = int(round(time.time()*1000))
    duration = now-lastTime

    # 计算误差
    axis['sumError'] += axis['error'] * duration
```

```python
        axis['dError'] = (axis['error'] - lastError)/duration

        # 避免失控值
        if axis['sumError'] > 1:axis['sumError'] = 1
        if axis['sumError'] < -1: axis['sumError'] = -1

        # 计算 PID
        axis['PID'] = kp * axis['error'] + ki *
        axis['sumError'] + kd * axis['dError']

        # 更新变量
        axis['lastError'] = axis['error']
        axis['lastTime'] = now

        # 返回输出值
        return axis

def killMotors():
    mot1.run(amhat.RELEASE)
    mot2.run(amhat.RELEASE)
    mot3.run(amhat.RELEASE)
    mot4.run(amhat.RELEASE)
# 主程序
try:
    while True:
        # 捕获视频帧
        ret, frame = cap.read()

        # 计算帧的中心
        height, width, chan = np.shape(frame)
        xMid = width/2 * 1.0
        yMid = height/2 * 1.0

        # 过滤图像中的蓝球
        imgHSV = cv2.cvtColor(frame, cv2.COLOR_BGR2HSV)

        blueMask = cv2.inRange(imgHSV, lower_blue,
        upper_blue)
        blur = cv2.blur(blueMask, (10,10))
```

```python
res = cv2.bitwise_and(frame,frame,mask=blur)

# 获取关键点
keypoints = det.detect(blur)
try:
    ballX = int(keypoints[0].pt[0])
    ballY = int(keypoints[0].pt[1])
except:
    pass

# 绘制关键点
cv2.drawKeypoints(frame, keypoints, frame,
(0,0,255),
                  cv2.DRAW_MATCHES_FLAGS_DRAW_
                  RICH_KEYPOINTS)

# 计算误差并获取PID比率
xVariance = (ballX - xMid) / xMid
yVariance = (yMid - ballY) / yMid

x['error'] = xVariance/xMid
y['error'] = yVariance/yMid

x = PID(x)
y = PID(y)

# 计算左侧和右侧转速
leftSpeed = (speedDef * y['PID']) + (maxDiff *
x['PID'])
rightSpeed = (speedDef * y['PID']) - (maxDiff *
x['PID'])

# 再一次对失控值进行安全检查
if leftSpeed > (speedDef + maxDiff): leftSpeed
= (speedDef + maxDiff)
if leftSpeed < -(speedDef + maxDiff): leftSpeed
= -(speedDef + maxDiff)
if rightSpeed > (speedDef + maxDiff):
```

```
            rightSpeed = (speedDef + maxDiff)
        if rightSpeed < -(speedDef + maxDiff):
            rightSpeed = -(speedDef + maxDiff)

        # 驱动电动机
        driveMotors(leftSpeed, rightSpeed, driveTime)

        # 显示帧
##          cv2.imshow('frame', frame)
##          cv2.waitKey(1)

    except KeyboardInterrupt:
        killMotors()
        cap.release()
        cv2.destroyAllWindows()
```

4）保存文件。

5）打开终端窗口。

6）导航至保存文件的文件夹。

7）输入 sudo python ball_chaser. py，然后按 Enter 键。

几秒钟后，你的机器人应该可以开始向前移动了。如果画面中有一个蓝色的球，它应该转向它。机器人会不断努力，使球保持在画面的中心。

这段代码中的一些内容与我们过去的做法有些不同。最值得注意的是，我们将 x 轴和 y 轴的值放入了字典中。我们这样做是为了让它们一起传递给 PID 控制器，这是另一个不同之处。PID 函数需要更新为接收单个参数。但是现在它期望的参数是字典类型，该参数被赋予函数中的变量 axis。然后还需要更新所有变量引用以使用字典。最后将结果赋予主程序中的相应字典。

为了不影响主循环或摄像头刷新率，我确保消除了所有延迟。因为整个程序是在一个进程中运行的，所以它不像多线程的进程那样快。因此，机器人可能会找不到球而到处乱跑。

9.4 小结

在本章中，我们开始利用树莓派提供的一些令人兴奋的功能。计算机视觉使我们能够执行比单独使用微控制器更为复杂的任务。

在使用计算机视觉之前，我们在机器人上安装了一个基本的网络摄像头。这一点需要一些特别考虑，因为这些网络摄像头并不是为安装在机器人上而设计的。当然，你的解决方案可能与我的不同，所以你在安装摄像头时可以发挥一些创造力。之后，我们准备安装 OpenCV。

OpenCV 是一个开源社区开发的计算机视觉平台，它使许多视觉功能变得非常简单。在树莓派上安装软件需要相当长的时间，主要是因为我们必须从源代码编译它。尽管树莓派具有令人印象深刻的功能，但它没有笔记本计算机或台式计算机的处理能力，因此编译代码需要一段时间。但是一旦完成编译和安装，我们就可以做一些有趣的事情了。

我们用静态图像做了一些练习。这使我们能够在不处理视频的情况下，学习 OpenCV 的一些基本原理。掌握了一些基本知识后，我们学习了从摄像头中提取实时视频，并应用我们在处理静态图像时学到的经验教训。在本章中，我们利用刚学会的颜色过滤和斑点检测技术，使机器人能够搜索球然后进行跟踪。

第**10**章

总 结

从第 1 章到现在，你已经学了很多。如果你是机器人和编程方面的新手，那么本书可能颇具挑战性。这是本书有意为之的，所以恭喜你挑战成功了！希望你一路跟了下来，并在这个过程中制造出了自己的机器人。

回顾一下。在第 1 章，我介绍了机器人的一些基本概念，并讨论了本书的目的。在第 2 章，我们开始使用树莓派，安装了 Raspbian 操作系统并将其配置为远程访问。第 3 章介绍了 Python 编程语言。在第 4 章，我们开始使用树莓派的 GPIO 插头来处理传感器。在这个过程中，我们学习了一些有关数字处理的知识，并讨论了其中的一些局限性。

当我在第 5 章向你们介绍 Arduino 时，介绍了针对树莓派局限性的解决方案。我们学习了如何对 Arduino 进行编程，以及如何在它和树莓派之间来回传递数据。在第 6 章，我们组装了电动机控制器 HAT，并学习了如何使用它和通用电动机控制器（L298N）来驱动电动机。在第 7 章，我们终于把机器人组装起来了。在第 8 章，我们安装了红外传感器，并对机器人进行了编程，使其能够沿着预定路线运动。在第 9 章，我们见识了树莓派的真正力量，利用计算机视觉来过滤颜色和跟踪球。

10.1 机器人的类型

正如我在第 1 章中所讨论的，机器人学具有很多不同的含义，这取决于你想如何定义它。许多机器人技术都很容易转移到物联网（Internet of Things，IoT）上，这进一步模糊了其定义。硬件、软件、传感器、通信通道等技术，在你的自动化家庭里和你的机器人里是一样的。编程的过程相似，但其结果通常会影响到真实世界。所以，本质上，物联网将你的家、办公室或工厂变成了一个机器人。

由于这个宽泛的定义，你对机器人的兴趣可能和我的大不相同。例如，你对小型桌面机器人感兴趣还是对大型机器人感兴趣？你主要是对在地面上驾驶的地面机器人感兴趣，还是希望你的自动装置能够飞行？或者，也许你对用机器人潜水器探索海洋深处更感兴趣。你是否想尝试自动驾驶汽车，还是只关注于家庭自动化和物联网？

了解你可能会从事的领域将决定你要使用的工具。如果你在制造小型桌面机器人，你很可能就不需要焊工。从事的领域还决定了要使用哪些设计工具。例如，像我们在本书中构建的机器人一样，大多数小型机器人可以在头脑中设计，也可以用笔和纸来设计。然而，如果你要制造更复杂的东西，比如四足机器人，你可能会需要 CAD 软件。

10.2　工具

机器人技术中的工具分为两种：硬件和软件。我没有谈到你可能会使用的物理硬件工具，因为你使用的工具类型取决于你感兴趣的机器人类型。我稍后再讲硬件。

首先，我想谈谈软件。软件是机器人学所有领域共享的东西。像机器人学中的大多数东西一样，对工具的选择完全取决于你自己。只要你用着舒服、能完成工作就行。

10.2.1　软件

本书所涉及的主题远远不够全面。关于 Linux、Python、Arduino，尤其是 OpenCV，还有很多东西需要学习。我们意在向你介绍一些机器人的基础知识，并让你熟悉其中的一些工具。

1. 选择 IDE

使用哪个集成开发环境（Integrated Development Environment，IDE）完全看个人喜好。这是所有不同领域共享的内容之一。有很多选项供你选择。我们使用的软件工具是树莓派和 Arduino 的原生工具。"原生"的意思是指这些工具是操作系统中内置的，或者针对硬件的推荐工具。

实际上，除了写本书之外，我都不会再使用 IDLE 的 IDE。我一般是在 Windows 操作系统计算机上开始我的工作流程。当代码以我喜欢的方式工作时，我再将其转移到树莓派上进行最后的润色。

我最喜欢的 Python 编程工具是 PyCharm（www.jetbrains.com/pycharm）。几乎在我所有的项目中，社区版都能提供需要的所有功能。它是一个专业级 IDE，它让使用 Python 更加容易（见图 10-1）。它可同时用于 Windows 和 Linux 操作系统平台。因此，当我将文件传输到树莓派时，我可以根据需要使用相同的工具来更新代码。

图 10-1　PyCharm IDE

Spyder 是另一款优秀的 Python IDE，它包含在 Python 的 Anaconda 发行版中，安装更加容易。它为科学界和学术界提供了许多工具。和我共事的许多数据科学家都非常喜欢 Anaconda。

如果你对 Anaconda 感兴趣，可以在 www.anaconda.com 找到它。或者，如果你想试试 Spyder IDE，可以在 https://pythonhosted.org/spyder/进行下载。

另外，微软公司的 Visual Studio 是一个非常强大而且越来越易用的产品。同样，可以从其网站（www.visualstudio.com）上下载到社区版。很久以前，Visual Studio 只面向专业开发人员。即使微软公司开始发布的免费社区版，对于初学者和爱好者来说也很难使用。不过，最新的几个版本提高了用户友好性。Visual Studio 的一个优点是它可以满足大多数开发需求。

不过，它也有缺点。例如，它只适用于 Windows 操作系统。它仍然有一点学习曲线，但有很多资源可以为你提供帮助。作为一个基于 Windows 操作系统的 IDE，它是专门针对 Windows 操作系统进行编译的。幸运的是，Python 是跨平台的。因此，编写好代码之后，就可以将 Python 文件传输到树莓派，再针对串口等功能进行一些必要的调整，然后就可以直接在树莓派上运行它。

我的大部分 Arduino 工作仍然使用 Arduino IDE，这仅仅是因为我还没有找到一个更好的独立工作环境。Visual Studio 有一个插件，允许你开发 Arduino 代码并将其跨平台编译到 Arduino，它依然是通过 Arduino IDE 进行编译的。因此，如果你正在寻找开发机器人项目的单一环境，Visual Studio 可能是一个不错的选择。

2. 设计软件

你们中的许多人可能从来都不使用任何设计软件。与其他任何东西一样，用于设计机器人各个部分的软件将因项目而异，另外也会因为你的预算以及用什么工具来制造机器人而有所不同。有些项目，如使用套件或其他人的成熟设计，就不需要设计软件。许多项目和构建风格都只需要笔和纸就行。如果你使用的是模块化部件，你或许也可以只列个清单或绘制一些简单的草图。然而，对于任何要定制的东西，则很可能需要一种系统设计方法。

（1）2D 绘图　最简单易用的软件是 2D 设计或平面设计软件。这些工具对于设计可使用板材构建的项目非常有用，这些板材包括中密度纤维板、纸板、胶合板或亚克力板等。不要低估用扁平材料所能做的事情。我的 Nomad 项目就是使用 1/4in（约 0.6cm）胶合板设计和制造的。

请记住，这些工具是为艺术家和插画师设计的，而不是为精密 CAD 工作设计的。因此，它们可能并不具备你期望的一些特性。例如，很难进行精确的测量。使用网格和标尺大有帮助，但是如果你需要精确的角度或长度，这些工具可能不是完成工作的最好选择。

最流行的一款 2D 设计工具是一个名为 Inkscape 的开源项目（https://inkscape.org/en/）。Inkscape 非常容易使用，而且用户社区非常庞大。它可以免费下载和使用，而且功能丰富，还有许多社区开发的插件。我最喜欢的是 Tabbed Box Maker 插件。因为我有一个激光切割机，所以我用 Tabbed Box Maker 来设计简单的盒子，我可以自己切割并把它们接合在一起。图 10-2 所示为 Inkscape 界面。

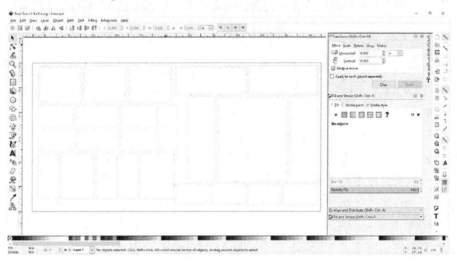

图 10-2　Inkscape 界面

还有一些商用程序。Adobe Illustrator（www.adobe.com/products/illustrator.html）和 Corel Draw（www.coreldraw.com/en/pages/ppc/coreldraw/）是该领域的两个领导者。

（2）电路板设计　有时候，你可能会发现需要自己设计电路板或扩展板，这并不像你想象的那么复杂或困难。随着你使用机器人技术的经验日益增多，你会发现特定芯片或电路的一些好的用法。通常，只需在线搜索一下就可以找到示例电路的链接。在设计它的工具中重新创建一遍这些电路可以让你进一步掌握它们。

有许多设计电路板的程序。事实上，几乎每个电路板制造商都有一个自己的程序。

在爱好者社区里最受欢迎的一个就是 Fritzing（http：//fritzing. org/home/），它是由德国波茨坦应用技术大学开发的。它如此受欢迎，后来独立出来成立了自己的组织。在本书中我就是使用 Fritzing 软件来创建电路原理图的（见图 10-3）。

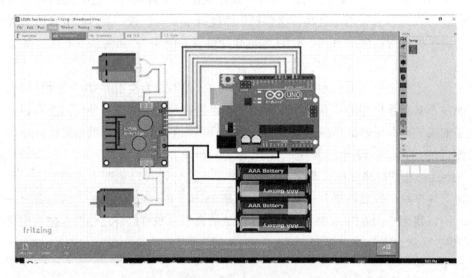

图 10-3　Fritzing 界面

也有商业产品可供选择，其中许多产品都有免费使用的社区附加功能。领先的行业标准是 Eagle，它现在归 Autodesk 公司所有（www. autodesk. com/products/eagle/overview）。大多数其他程序都是以流行的 Eagle 格式导入或导出其最终设计的。

（3）3D 设计　如果你需要定制底盘和零件，或者你喜欢 3D 打印，那么你会需要 3DCAD 软件。同样，也有许多可用的选项。但我并没有找到与商业解决方案相匹配的免费或开源软件包。但是，许多商业解决方案都提供了免费或降价的学生版本。

SketchUp（www. sketchup. com）提供了一个为制作者设计的免费版软件。如果你以前从未使用过 CAD 程序，它可能是最容易学习的。程序里的控件非常直观，而且有很多教程可以帮助你学习如何使用它。如果你以前用过 CAD，那么这个软件可能不太适合你。与我共事过的大多数有 CAD 经验的人都觉得这个工具还不够直观，那是因为它并不是作为一个标准 CAD 程序来设计的。

对于那些更熟悉 CAD 的用户，Autodesk 公司提供了 Fusion 360（www. autodesk. com/

products/fusion-360/overview），其费用比较适中。该公司还向学生提供大部分产品的免费许可证，如 Fusion 360、Inventor 和其他一些产品。Fusion 360 和 Inventor 是专业的商业级 CAD 程序，具有包括仿真在内的许多功能。当我需要为机器人或其他项目设计一些东西时，我会用到它（见图 10-4）。

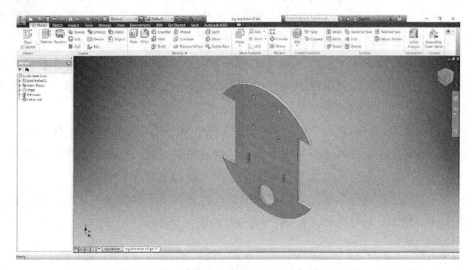

图 10-4　Autodesk Inventor

10.2.2　硬件

除了我描述的软件工具之外，你还需要一些实际的工具。怎样选择工具可能取决于你感兴趣的机器人类型，但每个工具箱都应该有一些基本配置。

1. 基本工具

在本节中，我将介绍你可能需要的一些工具，无论你的机器人或项目采用何种形式，也不管我的基本工具包中有哪些工具。首先，必须要有一套好的钳子，你需要不同的尺寸和类型。我用得最多的是一套 Jeweler 品牌的钳子，我也经常使用滑接钳。要确保套件中有一个斜嘴钳。

下一步要准备的，是一套好的螺丝刀。你所用的许多螺钉都很小，而且都安装在狭小空间内。确保在套件中有各种六角头。我经常发现，我试图安装或移除的六角螺栓在套件中处于两个尺寸之间。星形头通常适合这种情况。不过你要小心，不要弄坏它。

从这里开始，有很多各式各样的工具，你最好都有，一把工具刀、锉刀、一个压接工具、一把平口剪线器、万用表、卡尺等。慢慢地你会收集到很多工具。我强烈建议你去购买所需的工具，而不是试用你手头上的东西来凑合。在工作中使用正确的工具总是能事半功倍。而且，如果你买了合适的工具，在下次需要的时候就可以直接用它。

你还需要一个焊接站。不需要面面俱到，一个好的电烙铁，一个放助焊剂和清洁焊头的地方，再加上一套夹具助手即可。

确保你有一个好地方用来存放工具，并尽量把工具放回原处。这样你就可以节省无数的时间，不用在工作间里一堆乱七八糟的东西里找来找去。我有好几套工具，一套放在我的工作台上。我还买了一个小巧的钉板系统，并把大部分工具都挂在了上面。不适合挂在钉板上的东西就放在工作台上的特定抽屉里。

另一套在工具箱里，我把它和 Nomad 放在一起。因为 Nomad 经常被带去参加表演，而且很快就要比赛了，所以我想确保手头上总是有我需要的工具。更多的时候，我会在节目中帮助其他表演者，因为他们经常准备不足。

我的第三套工具是一套移动工具。我把它们放在一个工具箱里，当我不带 Nomad 外出时，可以很容易地从一个房间搬到另一个房间，或者搬进车里。我活跃在奥斯汀当地的机器人爱好者圈里，当有人需要帮忙或缺少哪个工具时，我总是能帮上忙。

当我用完工具后，我会尽量把它们放回原处。这确保了下次我伸手拿工具时，它就在那里。我得承认，我并不是每次都能做到，但这确实是一个很好的习惯。

2. 专用工具

拥有一些更大的、专业的工具总是能让我在制作更大的机器人时更加省心。带锯机和钻床实在是太贵了。除非你计划制作某种非常大的机器人，否则这两种工具的台式版本通常就足够了。台式皮带/圆盘砂光机有助于清理边缘或打磨零件。

除了所有这些工具之外，我还使用了更专业的工具。在很大程度上，我家里并没有这些工具。但是现在 3D 打印机很容易买到，如果条件允许的话，最好在工作间里放上一两台。我还使用 120W 激光切割机、数控机床。不过，这些工具并不在我的工作间里。

3. 创客空间

我家里没有激光切割机和数控机床，我想你们大多数人家里也没有。这些工具笨重而且昂贵。不过，我是奥斯汀当地创客空间 ATX Hackerspace（http://atxhs.org）的成员。Hackerspace 是一个合作工作室，在这里我们可以集中资源购买一些更大的机器。Hackerspace 买下的设备通常由一个成员托管，供其他成员使用。

使创客空间变得特别有价值的是社区。创客空间充满了喜欢创造东西的人。这些人来自各行各业，有各自的技能。当你试图做一些你以前从未做过的事情，或者想学习一项新技能，或者想寻找对一个问题的不同看法，或者你只是思想被卡住时，创客空间会是你一个非常有价值的资源。

如今，几乎每个社区都有一个或多个创客空间。每个创客空间可利用的资源各不相同。有的在商业园区经营，有的在学校经营，有的在别人的车库里经营。唯一不变的是社区。如果你还没有加入创客空间，那么找到当地的创客空间然后加入它。你肯定不会后悔的。

10.3　小结

现在，你已经掌握了开始学习业余机器人的所有基本知识。显然，在许多主题中还有很多东西需要学习。但是，树莓派和 Arduino 就能带你走得很远。记住，你在学习时不需要单打独斗。那里有一个巨大的社区，而且它每天都在壮大。联系当地的创客空间，寻找志同道合的创客。不要害怕问问题，不要害怕从别人的项目中寻找灵感，尽可能利用示例代码。最终，你将出编写自己的代码，但在此之前，请向已经编写好的代码学习。

机器人技术领域令人兴奋。事实上，我们可以进入这个领域，去实验、去学习。好好利用这段时间。最重要的是，要玩得开心。

祝你好运，也祝你在制作机器人时开心快乐！

推荐阅读

创客科幻世界大冒险

[英] 西蒙·蒙克（Simon Monk）著　李伟斌　等译

● 虚构想象的"行尸走肉"世界"僵尸来袭"，打造超酷创客。
● 玩转 20 例超酷 Arduino、树莓派创客"幸存者"项目。

扫码了解更多

将 20 例创客电子项目融入一个虚构的科幻"行尸走肉"世界背景中，激发创意与想象力，你将学到 Arduino 和树莓派的项目设计、制作与编程知识，电子元器件与工具的应用技能等创客知识，项目包括：使用绊倒绳和红外传感器监控"僵尸"移动、呼唤"幸存者"的莫尔斯电码发射器、保证安全的静默触觉通信器……还有更多项目等你来探索。

Arduino 编程：实现梦想的工具和技术

[法] 詹姆斯 A. 兰布里奇（James A. Langbridge）著　黄峰达　王小兵　陈福　译

● 快速精通 Arduino 编程的实战指南，深入透彻讲解 Arduino 的编程语言，快速掌握编程技能与作品实践操作。
● 原 Arduino 中国董事总经理陈愈容、创客布道师程晨、知名创客教师吴俊杰联合推荐。

扫码了解更多

本书涵盖了学习 Arduino 所需的各方面知识。更关键的是，本书解析了 Arduino 的编程语言，以及在根据设计需要添加程序库之后我们可以获得哪些额外的功能。同时贯穿全书的大量实例对电子电路方面的知识也进行了讲解。

高效树莓派学习指南

[英] 皮特·梅布里　[澳] 大卫·哈斯　著　肖文鹏　译

● 从零基础高效入门学会树莓派。
● 快速掌握树莓派各项指令与操作，动手开展有趣项目实践。

扫码了解更多

本书是高效学习树莓派的入门级实践指南，将帮助你快速地掌握树莓派的各项内容，指导你开展各种项目实践。本书适合创客、单片机学习者、电子爱好者、STEAM 教育工作者、计算机软硬件爱好者及对树莓派感兴趣的读者阅读。